新视界文库
NEW HORIZON LIBRARY

THE STORY OF LIFE

GREAT DISCOVERIES
IN BIOLOGY

生命故事

生物学上的伟大发现

〔美〕 肖恩·B. 卡罗尔 著

陈耀庭 郭新明 译

世界图书出版公司

北京·广州·上海·西安

图书在版编目（CIP）数据

生命故事：生物学上的伟大发现 /（美）肖恩·B.卡罗尔著； 陈耀庭，郭新明译 .—北京：世界图书出版有限公司北京分公司，2024.3
ISBN 978-7-5232-1214-1

Ⅰ.①生… Ⅱ.①肖… ②陈… ③郭… Ⅲ.①生物学－普及读物 Ⅳ.① Q–49

中国国家版本馆 CIP 数据核字（2024）第 057798 号

书　　名	生命故事：生物学上的伟大发现 SHENGMING GUSHI
著　　者	［美］肖恩·B.卡罗尔
译　　者	陈耀庭　郭新明
责任编辑	刘天天
责任校对	张建民
责任设计	杨　慧
出版发行	世界图书出版有限公司北京分公司
地　　址	北京市东城区朝内大街 137 号
邮　　编	100010
电　　话	010–64038355（发行）　 64033507（总编室）
网　　址	http://www.wpcbj.com.cn
邮　　箱	wpcbjst@vip.163.com
销　　售	新华书店
印　　刷	中煤（北京）印务有限公司
开　　本	880mm × 1230mm　1/32
印　　张	9.25
字　　数	220 千字
版　　次	2024 年 3 月第 1 版
印　　次	2024 年 3 月第 1 次印刷
版权登记	01-2019-6268
国际书号	ISBN 978-7-5232-1214-1
定　　价	56.00 元

纪念杰克·雷普切克和乔纳森·巴克。

这是两个伟大的故事讲述者和优秀的人，

很荣幸能和他们学到很多东西。

目 录
CONTENTS

引言

为什么会有故事?

告诉我一个事实,我会知道。

告诉我真相,我会相信。

但是,告诉我一个故事,它将永远存在于我的心中。

——美国原住民谚语

路易斯得了流感,就上床睡觉了。于是,在7月17日早晨,我独自一人出去,带着两只斑点狗萨利和维多利亚,想看看附近的一号岩层遗址有什么有趣的东西。我转身向两个峡谷交汇处西边不远处的一处遗址走去。确实有大量的物质保留在被侵蚀的表面上……其中一些无疑是那年早些时候的雨水造成的。但有一块骨头碎片吸引了我的目光,它并不是直接散落在地面上,而是从土中凸出来的。看起来似乎是头骨的一部分……我小心翼翼地拂去了一些沉积物,然后我看到了上颚的两颗大牙的一部分。它们是类人猿的。这是一个类人猿的头骨,显然一直在那里。

我冲回营地大喊:"我找到了!我找到了!我找到了!"

"找到什么了？你没有受伤吧？"路易斯问道。

"他，祖先！我们的祖先！"我说，"就是我们一直在找的那个祖先！快来！"

一个女人在非洲的山坡上搜寻骨头碎片，并不会引起像一个士兵在法国戒备森严的海滩上冲锋的惊心动魄的恐惧，也没有驾驶航天器接近月球表面的那种令人心惊肉跳的悬念。但这个发现时刻和诺曼底登陆或登月一样是一个伟大的转折点，因为它也将改写人类历史。

故事讲述的是1959年7月17日星期五的早晨，46岁的玛丽·利基（Mary Leakcy）发现了她和丈夫路易斯（Louis）24年来一直在寻找的无可争辩的证据，证明了非洲是人类的摇篮。直到那一刻前，人类起源问题还悬而未决，大多数证据和大量的文化偏见都指向了亚洲而非非洲。碎裂的头骨是对这两位勇敢的先驱者不懈努力的回报，他们愿意在丛林中度过大半辈子，希望找到一个不仅颠覆科学世界，而且颠覆整个社会的东西。

玛丽和路易斯·利基的故事是《生命故事》中十九个故事之一。你可能会好奇：为什么会有这些关于生命的故事？为什么特别是这些故事？

这些都是很好的问题，我将在稍后讨论。但是，另一位先驱者的声明代表了这本书的原则，本书中也记载了他的发现。詹姆·杜威·沃森（James Dewey Watson）和他的搭档弗朗西斯·克里克（Francis Crick）发现了碱基配对规则，这是双螺旋结构、DNA功能和遗传机制的关键。在他和克里克的重大发现发表五十周年之际，他接受了采访：

记者：您最自豪的事情是什么？

沃森：我撰写的《基因的分子生物学》和《双螺旋》。

记者：难道不是实际发现了双螺旋结构吗？

沃森：不，因为那时双螺旋结构在未来一两年内一定会被发现。它只是在等待被发现，而我是找到它的人，因为我对它最着迷。

记者：为什么你选择写一本更关注从业人员而不是双螺旋的科学的书？

沃森：我想看看我能不能写出一本好书。你可以说，就风格而言，这本书是超前的。你知道的，我并没有把自己当成一个科学家。我心目中的英雄从来都不是科学家。他们是格雷厄姆·格林和克里斯托弗·伊舍伍德，都是优秀的作家。

沃森和克里克的发现使他们两人几乎立刻获得了全世界的声誉，并获得了1962年诺贝尔生理学或医学奖。但让沃森最引以为豪的并不是那个历史性的成就，而是他在《双螺旋》一书中讲述的故事！

为什么沃森会有这种感受呢？

他在这本畅销书的序言中解释了他的理由："正如我希望这本书所展示的那样，科学很少按照外人想象的那种直截了当的逻辑方式进行。相反，它的前进步伐（有时倒退）往往是非常人性化的事件，个性和文化传统在其中起着重要作用。"沃森想传达一种冒险精神，但最重要的是，他觉得应该讲述这个故事，因为"人们仍然普遍不知道科学是如何'进行'的"。

我写这本书的主要目的和沃森的一样——提供一本由好故事组成的好书，传达冒险精神，展示科学是如何进行的。虽然这可能足够激励你们中的一些人打开它，但我写《生命故事》的理由却不止于此。

为什么会有故事？

鲁迪亚德·吉卜林（Rudyard Kipling）曾经说过："如果以故事的形式来教授历史，那么它将永远不会被遗忘。"这位《丛林之书》的作者，也是获得诺贝尔文学奖（1907年）的最年轻的作家，当然非常擅长讲述令人难忘的故事。但他不知道，在接下来的一个世纪里，将出现一个新的心理学分支，充分证实了吉卜林对故事力量的直觉。

叙事理论的核心原则之一是，人类的思维从根本上说是围绕着故事而形成的。只要想一想故事在日常生活中的作用，就会发现人们会以故事的形式记录和回忆生活经历以及他人的经历。我们生活在一个充满故事的世界里：从儿童童话到好莱坞大片，在各种形式的媒体——书籍、电视、广播、电影、播客——中，故事都是日常生活的"通用货币"。

文明诞生之初或之前就已经是如此。例如，在口头文化中，需要一些可靠的手段将传说和信息忠实地传给后代。所有被研究过的口头文化都曾使用过（而且现在仍然在使用）讲故事的方式。故事通常将内容中嵌入生动的意象和人物，以激发我们的想象力、唤起我们的情感。毫无疑问，我们的祖先发现，以故事形式嵌入的知识比其他任何形式的知识都更令人难忘。有人声称，故事是人类最重要的发明之一，这是有道理的。事实上，我们是这样一种会讲故事和寻找故事的生物，以至于许多专家将我们这个物种称为"*Homo narrans*"（会讲故事的人）。

现代研究的一个重要主旨是了解故事为什么以及如何在人类思想中扮演如此重要的角色。故事结构有两个普遍的方面，它们共同赋予了它力量。无论讲故事的人是谁，叙事的结构通常都是以连接因果关系的方式构建的（因为X发生了，所以Y发生了），而故事总是由一系列事件组成，这些事件随着时间的推移而被联系在一起（先发生X，然后是Y，接着是Z）。因此，人们用故事来理解因果关系，并将一系列事件联系起来。由于故事是由事件之间的因果关系和某种时间顺序构成的，所以故事既具有指导作用，又具有说服力。人们从故事中学习，是因为故事提出了支持某种结论的连贯论证。

故事在人类文化中的这一长期存在的根本性地位，促使许多教育工作者和心理学家研究故事在教育和学习中的作用。他们发现，与教科书中的正式的说明性文字相比，故事具有许多优势。这些优势包括增强记忆力、提高理解力和缩短阅读时间。例如，有人声称，当信息被编入故事中时，人们对信息的记忆是事实本身记忆的22倍。

就科学内容而言，故事相比其他形式的文本具有一些特定的优势。例如，故事在传达科学过程方面特别有效。叙事理论的领军人物之一杰罗姆·布鲁纳（Jerome Bruner）指出：

科学过程本身就是一个故事。它包括对自然界进行假设、测试这些假设、修改假设以及整理思路的过程……科学的历史……可以戏剧性地被描述为一系列解决问题的英雄故事。

布鲁纳早在20多年前就主张："我们在科学教学中从头到尾都应该注意科学创造的生动过程，而不是仅仅叙述课本中所表现的'已完成的科学'。"

尽管故事的优势是毋庸置疑的，但众所周知，教科书在科学课上的地位要比故事高得多。难怪传奇词曲作家保罗·西蒙（Paul Simou）会唱道："当我回想起我在高中所学的那些废话时，简直不敢相信我还能想起这些。"

而我自己作为一个教科书作者也引用了这句话。

这不仅是一个错失的机会，而且是一种遗憾。如果没有故事来说明科学的形成，我们就很难了解是什么样的谜团或问题激发了一项调查，以及这个谜团是如何被解开的。我们对科学家是谁和他们在做什么样的工作有着错误的印象，或者根本没有印象。每一个生物学专业的学生都知道非洲是人类的摇篮，但要想解开生命中最大的奥秘之一：人类起源，除了寻找一些古老的骨头之外，还有很多事情。

玛丽·利基的故事中饱含着各种各样的情感——爱、野心、痴迷、欲望、冲突、挫折、失望，以及最终发现的惊喜。正是这些情感和其他人类品质，如勇气、坚持、牺牲和坚忍不拔的精神，构成了良好的科学，以及一个难忘的故事——如果讲得好。

这让我想到了这本书中的其他故事。

为什么要讲这些故事？

好的故事有助于更好和更难忘的学习。但什么才是好故事呢？或者更重要的是，什么才是一个好的科学故事，值得在课堂上或在家中花费宝贵的时间去阅读？

亚当·戈普尼克（Adam Gopnik）是《纽约客》杂志的一位杰出的撰稿人（有趣的是，他本人并不是一位科学家），他提出了我所知道的关于好的科学故事必备要素的最有说服力的论点。他认为，好的科学故事和好的科学理论都是惊世骇俗的，它们因其主张让我们震惊。例如，他引用了来自物理学的这个描述："每个微小的、看不见的原子核内部都隐藏着一股巨大的力量，它足以摧毁整个城市！"

当然，生物学也有同样惊人的故事要讲：每个细胞的细胞核内都有看不见的分子，其中原子的位置决定了地球上每种生物的特征！这就是生物学的魅力所在。事实上，有些说法非常惊人，以至于最初连科学家都无法相信，而在几十年甚至几个世纪后，公众可能仍然对其持怀疑态度。

戈普尼克指出，好的科学故事"以其奇异性使我们震惊，又通过其独创性引起我们的兴趣，并最终通过努力奖励我们以真理"。但是，为了成为令人震撼、令人惊叹、值得付出努力的故事，它们也必须满足一个根本的要求——它们必须回答有关自然的伟大问题。伟大的问题源于伟大的奥秘。而在我们这个星球和宇宙中的所有现象中，生命呈现出许多启发伟大问题的神秘之处，例如：

- 物种是神创造的还是自然规律的产物？
- 人类从何而来？
- 生物繁衍的后代为何与自身相似？
- 单细胞卵子是如何发育成成体的？
- 为什么世界是绿色的？
- 是什么让我们生病？
- 我们如何预防或治疗疾病？
- 我们的大脑是如何工作的？

　　这些都是本书的故事中涉及的重大问题。专业人士会认识到这些问题的答案是现代进化生物学、遗传学、微生物学、免疫学、神经科学、生态学等学科的基础。但是，早在这些领域存在之前，实际上是几千年前，人类就已经开始思考这些问题。所有的文化都有起源故事，我们作为狩猎采集者的祖先必须对动物和植物有很强的观察力，否则我们就不会在这里了。古人掌握了变异和繁殖的基本原理，他们把野生植物转化为粮食作物，把野生动物转化为牲畜和同伴。同样，在制药业诞生之前很久，人们就发现了不计其数的"传统"药物，而且疫苗接种的发现并广泛应用也是在对病毒的存在或免疫系统内部运作一无所知的情况下进行的。事实上，我们可以为我们这个物种的另一个名字做一个很好的论证：*Homo biologus*（生物学意义上的人）。

　　现代生物学对人类提出的一些最古老、最伟大的生命问题给出了新的答案。这些答案是以惊人的发现，以及关于生命运作和我们在自然界中的地位的重要真相的形式出现的。我写这本书的目的是介绍生物学中这些开创性发现的故事，因此本书名为《生命故事》。这本书的总体期望是介绍经典故事的同时，介绍那些提供新见解或将新知识应用于医学或管理自然的最新发现。

我非常清楚每门生物课都需要付出大量的努力和学习，再增加更多的阅读可能会让人感到不情愿。不过，我希望这本书不会加重你的负担，因为你会在这些人和他们的成就中发现很多值得钦佩的地方。这些科学家中的大多数人为了他们的发现付出了巨大的代价，他们忍受着身体上的磨难，或是遭受了对他们突破的怀疑或否定。许多人勇敢地进行了伟大的旅行或危险的实验。鉴于如此伟大的人物和高风险的戏剧性，我甚至敢于奢望，你会喜欢读这些故事！

或者换个角度看，就像前披头士乐队成员乔治·哈里森在其著作序言中所说的："我为这本书受尽了苦难，现在轮到你了。"

肖恩·B.卡罗尔

马里兰州　雪佛兰蔡斯

第一部分

科学的进程

科学方法已被证明是人类为了了解自然而设计的最有力的手段。这一方法的最大的优势之一是它对新信息持开放的态度。新的想法不断产生，新的证据不断被收集并与现有的解释进行比较。有时，长期以来确立的观念会被完全推翻。遵循这种方法，我们就能理解自然界或人体中种种复杂的因果关系。本节的第一个故事就是这样的，这是一个关于用革命性的思维颠覆关于人类罹患疾病的原因的故事。这是一个科学方法如何发挥作用的鲜明事例。但同样重要的是，我们也要认识到，如果不遵循科学方法或者像第二个故事中那样对证据弃之不顾，可能会造成严重的，甚至悲剧性的后果。

第1章 勇气与荣耀

命运眷顾勇敢的人。

——拉丁谚语

2005年10月3日，澳大利亚珀斯，这是一个凉爽多云的星期一下午。罗宾·沃伦（Robin Warren）和巴里·马歇尔（Barry Marshall）两人是长期合作的同事，此时他们正在斯旺河畔他们最喜欢的酒吧里喝着冰镇啤酒。炸鱼和薯条刚上桌，沃伦的手机就响了。

这是一个叫汉斯·乔恩瓦尔（Hans）的人从瑞典打来的电话，带来了一个令人震惊的消息：沃伦将获得诺贝尔生理学或医学奖。

起初，沃伦并不相信这真的是诺贝尔委员会打给他的电话。

乔恩瓦尔确认接电话的人正是他要找的沃伦后，告诉沃伦现在有一个大问题：离诺贝尔生理学或医学奖的公布时间只剩半小时了，但是他一直没联系上与沃伦共同获奖的巴里·马歇尔。他说他已经给马歇尔的家和办公室都打过电话了，但没找到他。

沃伦笑着说："哦，他就在我边上呢！我们正一起在酒吧喝啤酒！"说着，他把手机递给马歇尔。这两个人乍一看不太像是能得诺贝尔奖的人：沃伦是一位病理学家，马歇尔是一位肠胃病学家——他们并不是那种近些年屡获殊荣的遗传学先驱。而且，他们在珀斯工作，这里美丽而偏僻，远离北美和欧洲的学术中心。但他们的发现改变了数百万人的生活，并改写了医学教科书。

不寻常的事

这场冒险始于1979年，在42岁生日这天，罗宾·沃伦得到的不是一块蛋糕，而是一块别人的胃。

沃伦是皇家珀斯医院的一名病理研究员。他的工作之一是检查病患的活检标本。那天，他正在检查一个胃炎患者的活检标本。在显微镜下，他注意到胃壁表面有一条蓝色的细线，调高放大倍数后，他觉得好像看到有许多小细菌附着在胃壁的细胞上。

这个观察结果非常奇怪，因为当时医学界的共识是：细菌不能在胃内的酸性环境下存活，沃伦一直以来也是这么学习的。兴奋之余，沃伦把标本展示给一位同事，但同事说他并没有看到细菌。

沃伦发现，在人体组织的背景下很难看清微小的细菌。为了辅助在病理学方面的工作，他一直在尝试使用有助于突出显微镜观察组织样本特征的染色剂。他确实发现了一种银色的染色剂，它可以很好地标记某些细菌。尽管他不知道这份活检标本中可能存在哪些细菌，但还是尝试使用了这种染色剂。

这种染色剂的效果很好，在胃组织黄褐色的背景下，沃伦发现了许多细小、弯曲的灰色细菌。他认为它们看起来像是弯曲杆菌属的细菌，并将这个观点写在了正式的病理报告中。他补充道："这看起来并不像是标本污染了细菌，它们似乎在积极生长。我不确定这些异常发现的意义，但是也许我们应该进一步对患者进行饮食习惯、胃肠功能和微生物学的调查。"

他的病理学同事认同了沃伦的发现，但也同样说不清楚这些微生物的存在意味着什么。它们只是偶然地出现在那里，还是会导致肠胃疾病？如果这些细菌很重要，为什么没有在其他人的报告中看到它们呢？一位病理学家告诉沃伦："如果你真的认为它们很重要，那你就要看看能不能找到更多的案例了。"

沃伦开始在其他胃炎患者的活检标本中寻找细菌，并发现这些细菌在标本中十分常见。不过它们可能是引发炎症的原因，也可能来自创伤组织的继发感染。为了区分这两种可能，他需要一个阴性对照：观察一个健康的胃中是否存在细菌。但外科医生通常只会对患病区域而不是看起来正常的组织进行活检。最终，沃伦对一些看起来是正常的组织的切片进行了检查，并确定那里没有细菌。这说明细菌的存在和疾病发生的可能存在相关性，但沃伦仍然无法说服其他人。

合作者的出现

后来，他遇到了巴里·马歇尔，一名正在皇家珀斯医院内科实习的年轻医生。这种实习包括在不同专业科室进行轮岗。马歇尔想要成为一名风湿病学家，但从1981年7月开始就一直在胃肠科工作。当时，马歇尔希望可以在那里做一些研究，于是被介绍给了沃伦，此时沃伦正在寻找一名能帮他获得一些新鲜的活组织切片的临床医生，好让他来寻找其中的微生物。

马歇尔去地下室办公室拜访了沃伦。沃伦给马歇尔看了一张又一张幻灯片，展示了他在胃炎患者发炎的胃壁上发现的奇怪的弯曲状细菌。马歇尔对此很感兴趣，因为他也"学过"胃里应该是无菌的。他认为，鉴定这种不寻常的细菌将是一个很好的课题，并同意与沃伦合作。

马歇尔查阅了沃伦发现胃中有细菌的患者的病历。这些患者所患的疾病包括胃炎、胃溃疡和十二指肠溃疡。根据临床经验，马歇尔明白溃疡是一种非常严重的、有时会伴随患者终生的疾病，它可能会引起剧烈的疼痛，并因此使患者十分衰弱。溃疡还会提高患者罹患胃癌的风险。当时，对于病情较轻的患者，医生会使用抗酸剂和抑制胃酸产生的药物对其进行治疗，但这些治疗只能减轻患者的症状，并无法治愈溃疡。对于更严重的患者，医生则可能会采取手术的方法，将患者的胃切除三分之一。

为了鉴定这种细菌，马歇尔决定尝试从新鲜的活检样本中提取并培养它。马歇尔将刚刚取出的活检样本放在生理盐水中，送到医院的微生物部门。先通过染色确认细菌的存在，然后把经过清洗的样本放到细菌培养皿中，放入恒温箱，并于48小时后检测细菌生长情况。

尽管每次他都能在活检样本中找到细菌的存在，但是细菌培养一直未能成功。他一次又一次地取样，一周又一周地试验，就这样过了六个月。

马歇尔在胃肠科的轮岗即将结束，他不得不转到血液科。如果那时他和沃伦没有尝试另一种方法，这个课题可能就这样失败了。他们认为，如果是细菌导致了疾病，那么使用抗生素治疗可能会缓解症状。他们给一位老年病人注射了四环素类抗生素，该病人患有严重腹痛，并且他的活检样本中存在弯钩状细菌。两周后，患者的疼痛和慢性胃病症状都消失了。

患者欣喜若狂，但沃伦和马歇尔的同事却相当冷静。因为这仅是个例，沃伦和马歇尔仍然不能确定这种细菌是否就是引发该男子病症的主要原因。他们的同事建议两人进行大规模的、在严格控制下的实验，以确定这种细菌的致病作用。

证明特定微生物会引起特定疾病的因果关系的过程在医学上早已确立。在19世纪后半叶，法国的路易斯·巴斯德（Louis Pasteur）和德国的罗伯特·科赫（Robert Koch）作为"细菌致病论"的主要支持者，断言某些疾病是由微生物引起的。科赫提出了"科赫法则"，如果证据可以支持这一系列假设，就可以证明特定微生物和特定疾病之间的因果关系，包括以下四点：

（1）微生物必须在患有该疾病的个体中持续存在，并在健康个体中不存在；

（2）必须从患者样本中分离出并纯培养该微生物；

（3）将纯培养的微生物接种到健康易感宿主体内，应引起相同的疾病；

（4）必须从实验感染的宿主体内重新分离出相同的微生物。

尽管马歇尔已经转到血液科病房工作，但他还是与几位合作者发起了一项有100名患者参与的胃肠病学和微生物学研究。按照计划，他们要招募接受胃部检查的患者，看看是否只有病患的体内才存在这种细菌。在早晨上班前和上午的休息时段，他会寻访那些接受内窥镜检查的患者，邀请他们参加研究。马歇尔将他们的活检标本冷冻保存，直到能够将其送到实验室进行微生物检测和尝试培养。

在研究进行了几个月后，马歇尔终于幸运地得到了突破。那是1982年复活节前的一个星期四，医生从一名患有十二指肠溃疡的男子身上取下了一块活检标本。通常，他们培养样本四十八小时后就丢弃培养皿，这样的实验已经被重复了三十多次，但他们一无所获。在那个复活节的周末，由于实验室人手不足，这个培养皿一直放在那里五天才被检测。这次，技术人员发现了一个陌生的、透明的小菌落。微生物学主任把马歇尔叫到实验室，向他展示培养皿中令人兴奋的发现。

一旦了解这种细菌缓慢的生长速度，他们很快就从另外11名患者的标本中将其分离出来。在电子显微镜下，这是一种带有多条"尾巴"状鞭毛的螺旋状微生物——与弯曲杆菌相似，但又有所不同。它最终有了自己的名字——幽门螺旋杆菌（*Helicobacter pylori*）。

培养和识别出这种细菌是一个关键的进展，但这项针对100名患者进行的研究主要是为了搞清楚细菌的存在与疾病之间的相关性。1982年5月，马歇尔被调到黑德兰港的一家医院工作，这项研究也随之结束。黑德兰港是距珀斯2000公里的一个矿业小镇。在离开之前，马歇尔在一个周六上午影印了这100名病人的临床记录，并将它们带到了黑德兰港。在那里，他利用晚上的时间仔细研究了这些实验结果和患者的诊断书，想要找到两者之间的关联。他发现65%的患者携带这种细菌，而且几乎所有携带这种细菌的患者都有胃炎症状。此外，13例有十二指肠溃疡的患者也都携有这种细菌。同样重要的是，不携带这种细菌的人都没有溃疡（除了少数服用止痛药导致胃损伤的人）。

统计数据表明，细菌和溃疡之间的关系不可能是随机的巧合，是时候和大家分享这个结果了。

1983年2月，马歇尔和沃伦向正在珀斯举办年会的澳大利亚胃肠病学协会提交了他们的研究摘要。然而，这份摘要被拒收了。附信中说协会一共收到了67篇摘要，并接受了其中的56篇——马歇尔和沃伦关于细菌和肠胃疾病之间关系的报告被归入了最差的那一档。

沃伦和马歇尔已经习惯了这种怀疑。胃肠病学界长期以来一直认为胃溃疡与生活方式有关——包括压力、饮食、酒精和吸烟——而不是由感染引起的。传统观念认为，应该通过减少胃酸来治疗胃溃疡，并且，由于胃溃疡是一种极为普遍的病症，这些抑制胃酸的药物已经成了销售额高达数十亿美元的"畅销药"。马歇尔意识到，胃肠病学家不会仅凭一项基于来自澳大利亚西部的13名病人的发现就接受他们革命性的见解。他和沃伦需要做更多的工作来说服医学界。最好的方法是在著名的同行评议期刊上发表他们的研究成果，并让其他人来证实。

他们在世界上最古老、最负盛名的医学杂志《柳叶刀》上发表了两篇论文，报告了他们的发现和关于这种细菌的描述。在报告中，马歇尔推测："如果这些细菌真的与**胃炎**有关……，那么它们可能也会在其他我们还不知道的疾病中产生影响，如在与胃炎相关的消化性溃疡和胃癌中。"这些论文促使世界各地的研究人员开始在他们的患者身上寻找这种细菌。

　　然而，截至目前，马歇尔和沃伦只能支撑科赫法则中的两项：细菌与疾病的联系，以及能够培养这种细菌。接下来的挑战是要证明这种细菌可以在实验动物身上诱发疾病，还有杀灭这种细菌可以消除疾病。到1984年，第二个挑战进行得很顺利。马歇尔非常兴奋地发现这种细菌对铋（药物Pepto-Bismol的主要成分，长期以来被认为具有抗菌性能）极其敏感。他尝试用铋和抗生素甲硝唑进行组合试验，成功治愈了全部四个患者。

　　然而，让动物患上这种疾病则很困难，马歇尔甚至一度担心这或许是无法完成的。他曾试过用猪做实验，因为猪的体型较大，马歇尔可以把内窥镜插入它们的胃里。但给猪接种细菌的实验完全失败了，他既没有让猪得病，也没有在它们的胃里检测到细菌。

　　细菌所能感染的物种和组织通常是有限的。如果马歇尔想要让全世界相信幽门螺旋杆菌能引发疾病，他先得找到合适的动物。那么，哪个物种最易感？

　　马歇尔意识到，最佳候选者每天早上都在镜子里盯着他看。

当一切都失败的时候……

　　马歇尔琢磨着在自己身上测试这种细菌已经有一段时间了。当然他也对这样做有可能会让自己患上慢性疾病而感到担心，但鉴于抗生素疗法效果十分显著，他认为尝试一下应该没什么问题。

　　马歇尔更大的担忧来自科学。如果实验中什么都没有发生，如果细菌没有在他的胃中繁殖，如果他没有患上胃炎……那么他的假设可能就是错误的，或者至少，这种疾病不只是单纯的细菌感染那么简单。

他和几个同事讨论了"直接吃细菌"的想法，大多数人似乎对这个想法持中立态度，一位微生物学家笑着否定了这个提议。人体临床试验受机构委员会监管，但马歇尔决定不提交正式的实验申请，他已经决定，无论如何，他也会吞下细菌——哪怕这可能会使他失去工作。

他采取了"你不问我就不说"的策略。一天早上，他在开门前就去了内窥镜诊所，让一位朋友使用内窥镜在自己的胃中采了活检标本，作为他饮下细菌液前的基准样本。此时，他的胃黏膜还是正常且健康的。同一天，马歇尔还对一名患有胃炎的中年男子进行了活检标本的采集。实验室检测显示该患者胃中的幽门螺旋杆菌对马歇尔的抗生素疗法很敏感，在两周的治疗之后，患者胃部的感染已经消失。

因为已经确认这种致病菌可以通过抗生素进行杀灭，马歇尔决定迈出实验中最关键的一步——不然这个实验永远都无法完成。在进行实验的那天早上，他没吃早餐，只服用了一种药物来减少胃酸分泌，他认为这可能可以提高细菌在他胃里的繁殖能力。在禁食到上午11点之后，一名技术员给了他一个装有大约两茶匙肉汤的烧瓶，肉汤里有满满一培养皿的幽门螺旋杆菌（大约有10亿个细菌）。马歇尔一口吞下了这浑浊的棕色液体，等了几小时后，他开始正常进食并继续工作。那天晚上，他告诉妻子埃德里安娜，自己已经开始了实验。

在最初的几天中，马歇尔没有任何症状，但随后他开始连续

在几个早晨醒来时都感到恶心并呕吐。他的妻子注意到他的呼吸是
"腐臭的",而他的同事们则出于礼貌没有告诉他这个事实。10天
后,马歇尔再次要求同事为他采活检标本。让他"高兴"的是,他
在他发炎的胃黏膜上发现了这种细菌。

实验成功了。科赫的假设得到了证实。幽门螺旋杆菌是一种病
原体。

从"异类"到英雄

马歇尔还没来得及记录他的经历,有关其实验的消息就被泄露
了。一位美国的报纸记者在一个大清早就叫醒了沃伦,想问他一些
有关他们研究的问题。当记者问到沃伦是如何知道这种细菌会引发
疾病时,沃伦告诉他马歇尔感染了自己。于是,新闻的标题就成了
"小白鼠医生发现治疗胃溃疡的新方法……和致病原因。"

马歇尔在最初发表自己的实验结果时,并没有公开他自己就是
实验对象,而是将自己称为一名 "志愿者"。到1985年,世界其他
地方的医生已经开始确认患者的胃中存在幽门螺旋杆菌——幽门螺
旋杆菌和胃溃疡之间的关联越来越强了。

从专注于减少胃酸到将其当作感染来治疗,医学界还需要更
多的证据来改变治疗胃溃疡的观点。证据以多项临床试验的形式出
现,这些试验测试了各种抗生素杀灭患者体内细菌和防止溃疡复发
的能力。在阿姆斯特丹、维也纳、休斯敦和其他地方进行的实验都
报告了在高达90%的患者体内根除了幽门螺旋杆菌,并提供了持久
治愈的成功结果。

　　抗生素因此成为并至今仍是治疗胃溃疡的主要手段，而马歇尔和沃伦也从"异类"变成了医学英雄。在那个欢乐的下午，接到那个从瑞典打来的令人振奋的电话之后，两位先驱举杯庆祝了他们的非凡成就，不是用啤酒，也不是用细菌，而是用香槟。

第2章　首先，不要伤害

> 我将尊重那些前辈医生通过辛勤劳动而取得的、来之不易
> 的科学成果，追随他们的脚步。
>
> ——现代版希波克拉底誓言

1998年2月，医学期刊《柳叶刀》上的一篇论文引发了一场革命——与前文中沃伦和马歇尔的革命不同，应该说它更像是一场起义。

这篇论文中描述了12名儿童胃肠疾病患者，他们同时表现出了典型的"退化性孤独症"。"退化性孤独症"是说这些儿童最初发育正常，但后来逐渐出现了语言和社交技能方面的缺失。这与典型的孤独症不同：在"典型"孤独症中，患儿从一开始就会出现交流及社会交往缺陷等症状。

由于症状明显延迟出现，父母和医生怀疑是某种环境因素引发了这种情况。由来自伦敦皇家自由医院和医学院的13位成员组成的研究小组报告说，在这12名儿童中，有8名儿童的父母或医生认为其

症状的出现与接种麻腮风三联疫苗有关。据行为报告，这8名儿童在接种疫苗平均6.3天后出现了相关症状（时间范围为1—14天）。还有5名儿童也报告对疫苗产生了不良反应（皮疹、发热、谵妄，其中有3例出现抽搐）。

作者在文中指出，他们尚未证明麻腮风三联疫苗接种与胃肠道/行为综合征之间存在联系。他们指出："如果麻腮风三联疫苗与该综合征之间存在因果关系，那么在接种这种疫苗后，发病率可能会上升。" 实际上，孤独症的发病率似乎正在上升。作者呼吁："我们需要进一步研究来验证这种综合征与疫苗间可能存在的关系。"

当时，英国政府的政策是让幼儿在13个月至15个月之间接受两针麻腮风三联疫苗中的第一针。这项政策可能造成的损害令人震惊。在刊登上述文章的《柳叶刀》出版的当天，皇家自由医院召开了新闻发布会。医学院的院长敦促应对这一研究结果进行谨慎地解释，因为儿童的样本量实在是太少了。他担心公众对麻腮风三联疫苗的信任会受到伤害。他说："这是有史以来最安全和最有效的疫苗之一。"

但是，这篇文章的主要作者，安德鲁·韦克菲尔德博士（Andrew Wakefield）认为有必要采取行动："这种病例就算再多一个也不应该，这是一个道德问题。在解决这个问题之前，我不支持继续使用这种疫苗。"

"妖怪"已经逃出了关它的瓶子。

大爆发

英国媒体刊登了标题为"儿童接种疫苗引发警报"和"呼吁医生禁用三联疫苗"的报道。

一种常规疫苗与孤独症发病率上升之间可能存在的联系，让全球的父母、医生和政策制定者感到担忧。麻腮风三联疫苗在美国已经使用了30年，比英国使用的时间长得多。2000年4月，美国国会举行了一次听证会，以查明事情的真相。作为众议院监督与政府改革委员会主席的印第安纳州代表丹·伯顿对此事深有体会："我的孙了……在一天接种了9剂疫苗后不再说话，他跑来跑去，用头撞墙，大声嘶哑地尖叫着、挥舞着双手，完全变成了另一个孩子。我们发现他得了抑郁症。"伯顿继续说道，"他原本是很健康的……直到他注射了那些疫苗，我们的生活改变了，他的生活也改变了。"

几名孤独症儿童的父母随后作证，表示他们坚信是麻腮风三联疫苗引发了他们孩子的综合征，生产疫苗的制药公司要对此负责。正如一位家长所说："他们生产这个国家每个孩子都需要的产品。在寻求更大利润的同时，他们忽视了医学的最初目标——保护儿童免受伤害。"

安德鲁·韦克菲尔德也给出了证词。他透露，他已经对另外150名儿童进行了研究（但尚未发表研究结果），并表示该疫苗已经导致了除4名儿童之外所有儿童患上孤独症。还有几位科学家是韦克菲尔德的合作者，也支持韦克菲尔德关于疫苗导致孤独症的假设。

但是也并非没有反对意见，同样是皇家自由大学教授的布伦特·泰勒（Brant Tyler）就不同意这种观点。泰勒检查了293例孤独症病例，发现在被诊断为孤独症的儿童中，接种过疫苗和从未接种过疫苗的儿童年龄没有差异。泰勒还发现，儿童接种疫苗的时间和症状发作之间没有关联。他也没有发现英国在引进麻腮风三联疫苗后，孤独症发病率增加的证据。泰勒已经于前一年的夏天在《柳叶刀》上发表了他的发现。

"认为麻腮风三联疫苗是孤独症的原因是一个错误的想法。"泰勒作证说，"没有证据表明免疫接种与此有关。"

尽管泰勒的证词反对这种联系，但媒体对听证会的报道仍引起了人们对麻腮风三联疫苗与孤独症之间可能存在的联系的关注。安德鲁·韦克菲尔德成了媒体关注的焦点，他出现在最受关注的美国新闻节目《60分钟》上，并表示不会给自己的孩子接种麻腮风三联疫苗。他还在英国广播公司的周日晚间节目《全景》中亮相，那一期的主题是"麻腮风三联疫苗：每个父母的选择"。这些节目都讲述了父母目睹他们的孩子令人心碎的患病经历；当然，患上孤独症一定是有原因的，麻腮风三联疫苗或其他疫苗似乎是合乎逻辑的怀疑对象。尽管大多数接受采访的医学专家都对此持不同意见，并试图强调疫苗的安全性和有效性。

医疗机构频繁地被公开批评，《每日电讯报》发表了一篇以"为那些说麻腮风三联疫苗是安全的官员感到耻辱"为标题的社论。韦克菲尔德在华盛顿特区的一次集会上说："我们正处于一场国际'流行病'中。负责调查和处理这一'流行病'的人注定会失败，因为他们面临着这样一种可能：他们自己要对这一流行病负责……""我认为，公共卫生官员知道存在问题，但是，他们宁愿眼看着不知道多少孩子因此遭受苦难，却对这一问题矢口否认。因为公共卫生政策——强制性疫苗接种——的成功必然有所牺牲。"

面对这样的争议，决定是否接种疫苗成了一个有潜在高风险的两难问题。父母又应该相信谁，或是相信什么？

在同一次集会上，韦克菲尔德描述了前进的道路："我们应该通过科学寻求真理——一种富有同情心、不让步和不妥协的科学。"

这需要更多的研究，需要更严格的审查，并可能会揭示一些非常令人不安的惊人发现。

对真理的探索

韦克菲尔德作证说，他已经将疫苗接种、胃肠疾病和孤独症之间的联系扩展到了更多儿童身上。然而，英国、加拿大和芬兰的研究人员进行的一系列独立研究并没有发现麻腮风三联疫苗和孤独症之间有任何联系。在英国广播公司关于麻腮风三联疫苗的节目播出几个月后，《新英格兰医学杂志》刊登了一项针对丹麦儿童的大型研究，该研究对约44万名接受过麻腮风三联疫苗的儿童和约9.7万名未接种过疫苗的儿童的孤独症发病率进行了比较，发现两个群体患孤独症的风险没有差异。这项研究也没有在接种疫苗时的年龄和接种疫苗后孤独症的发病时间之间发现任何联系。

但这些并没有平息麻腮风三联疫苗和孤独症之间是否存在关联的争议。儿童进行免疫接种的时间和父母注意到他们孩子的行为症状的时间似乎太接近了，不能仅仅解释为巧合。那么，如果罪魁祸首不是麻腮风三联疫苗，还会是什么呢？

下一个怀疑对象是一种可能存在于一些疫苗中的化学物质，硫柳汞。这是一种具有抗菌活性的含汞有机化合物，几十年来一直被用作疫苗防腐剂。但麻腮风三联疫苗中从未使用过这种物质。虽然那些疫苗中硫柳汞的含量很少，但已知汞及各种汞的化合物对人类和其他动物均有毒性。作为预防措施，美国从2001年起禁止再在儿童疫苗中使用硫柳汞。但这一举措在对疫苗安全性争论不休的时候被采纳，似乎反而引发了新的担忧。

杂志文章和电视节目发出了警报，但经常在报道中误报疫苗中汞的浓度。政界人士再次关注此事，公开质疑负责推荐疫苗和疫苗安全的政府机构。到2004年，英国的疫苗接种率已经从韦克菲尔德报告之前的92%下降到了79%。这一下降趋势令公共卫生专家感到担忧，因为未接种疫苗的儿童比例越高，感染在人群中传播的风险就越大。

硫柳汞，尤其是多种疫苗中硫柳汞累积剂量，是使儿童患孤独症的原因吗？流行病学家再次检查了疫苗使用和孤独症的数据，以寻找二者之间的任何联系。但是，在芬兰和美国进行的大规模研究再次发现，注射含硫柳汞的疫苗与孤独症发病率之间没有关联。

在多个国家进行的大规模对照研究中都未能发现疫苗接种和孤独症之间的因果联系，这让许多人对疫苗的安全性感到放心。但是，这也提出了一个问题：为什么其他科学家无法重复韦克菲尔德的发现？一些批评者指出，在最初的研究中，受试者儿童不是随机样本：他们被选中是因为他们的症状以及他们的发病时间与接种麻腮风三联疫苗的时间十分接近。如果这些孩子组成随机组，从统计学上来说，在一个12人的小样本中，研究结果有可能会产生伪相关。那么，更大规模的研究的结果和韦克菲尔德的研究的结果之间的矛盾是来自研究设计，还是人数多少？

原因可能比你想象得更糟糕。

谎言，及更多的谎言

2004年2月18日，在《柳叶刀》首次报道麻腮风三联疫苗与孤独症的关系的文章发表六年后，伦敦《星期日泰晤士报》的记者布莱恩·迪尔（Brian Deer）来到该期刊的编辑部，会见了主编和几位资深编辑。在五个小时的谈话过程中。他与他们分享了自己花费四个月时间对这项研究所进行的调查，以及1998年发表的原始研究以及相关研究人员的情况。他不仅披露了疫苗与孤独症的真相，还让一些人的丑恶嘴脸暴露无遗。

迪尔带来的第一个爆炸性消息是，韦克菲尔德的研究经费（约9万美元）是由一家律师事务所提供的，该事务所正在准备对疫苗制造商提起产品责任诉讼。这引发了一个问题：韦克菲尔德的研究和研究结果可能被诉讼目的和资金来源所影响，这之间是否存在利益关系？

第二个令人震惊的消息是，研究中有几个儿童是该律师事务所的客户的子女，这些客户又是这场诉讼的原告。患病的儿童并不是碰巧去了皇家自由医院，而是作为诉讼案件的一部分"证据"，被"推荐"给了韦克菲尔德。这引发了医学伦理的实践问题：韦克菲尔德研究这些儿童是为了了解其症状的原因，还是为了准备诉讼？而第三个令人不安的问题是，这些事实既没有在《柳叶刀》的文章中披露，也没有被透露给大多数韦克菲尔德文章的共同作者。

《柳叶刀》的编辑震惊了，几位共同作者也感到十分气愤。

迪尔在《星期日泰晤士报》上发表了这篇文章，两周后，除韦克菲尔德本人之外的十位共同作者发表了一份"撤回声明"，撤回了论文中提出的麻腮风三联疫苗与孤独症之间可能存在因果关系的解释。

记者迪尔随后发现，除了前面所提的研究经费之外，韦克菲尔德在多年时间里从同一家律师事务所获得了约75万美元的"资助"。由于韦克菲尔德的研究可能受到未披露的利益和医疗不端行为的影响，以及他所谓的疫苗与孤独症的关联给公共健康带来的影响，英国医学总会（General Medical Council）对其展开了正式调查。

调查历时两年半，共传唤了36名证人。2010年，医学总会认定韦克菲尔德的行为是"不诚实的""不负责任的"和"误导性的"，他的行为"违背了他作为医生的职责"，并且对所研究的儿童"漠不关心"。医学总会认定韦克菲尔德有严重的职业不端行为，并责令取消他的执业医师资格。

迪尔的进一步调查显示，原始文章中的大多数（就算不是全部）儿童病例都存在错误或误导，因此，《英国医学杂志》宣布该研究不仅在科学和伦理上存在缺陷，更"是一个精心策划的骗局"。《柳叶刀》正式撤回了原文的全部内容。

结果

虽然疫苗与孤独症之间的因果关系没有被证实，但日益增加的对疫苗安全性的关注以及随之而来的疫苗接种率下降对公共健康产生了影响。在1968年引入麻疹疫苗之前，英国经常发生麻疹流行，感染人数高达50万。自从大多数人接种过疫苗，麻疹已经变得相当罕见，已知病例也大多来自国外。但在2007年至2008年，即韦克菲尔德的文章发表十年后，麻疹又开始在英国肆虐，媒体共报道了2347例麻疹病例，相当于过去11年间的总和。尽管儿童疫苗接种率已回升至90%以上，但由于孤独症争议期间，大量青少年没有在儿时接种疫苗，这种疾病对他们而言仍然是一个挑战。

在美国，学龄儿童的疫苗接种一直是强制性的。然而，在大多数州，公众有权出于医学或是宗教以及"哲学"原因不接种疫苗。2000年至2011年间，全国范围内非医疗原因的疫苗豁免率增加到约2%，但个别州的豁免率超过了5%，有些地区的一些社区中未接种疫苗的人口比例比这还要高得多。2000年，美国宣布他们已经消灭了麻疹，当时该疾病唯一一个病例是外国游客。然而，从那之后，这种疾病又在未接种疫苗的个人和群体中多次暴发。2014年，27个州共有667人被感染，这是自2000年以来感染人数最高的一次。

麻疹的输入和进一步暴发的威胁性仍然很高，据估计全世界每年大约会出现2000万个麻疹病例，这种疾病传染性很强，仍然是幼儿死亡的主要原因之一。2014年，全球有近11.5万名儿童因患麻疹死亡，这是一个令人震惊的数字，但与2000年的死亡人数相比已经减少了4/5，这要归功于全球80%以上的儿童接种了疫苗。

疫苗与孤独症关联之争的第二个重要后果是，它将注意力、精力和资源从对该综合征实际原因的调查中转移出来。经过长期研究，有证据表明孤独症的发病受到遗传因素的强烈影响，男性以及患有孤独症的儿童的兄弟姐妹患孤独症的概率明显更高。近年来，已经发现了几个与孤独症相关的基因突变，这为理解该综合征的遗传和神经基础提供了重要的线索。

　　尽管有大量的流行病学证据，关于基因对孤独症的影响的研究也取得了进展，但在公众心中，疫苗与孤独症之间的联系仍然很难消除。2015年盖洛普民意测验对美国成年人的调查显示，有6%的人认为疫苗会导致孤独症，42%的人认为不会，52%的人对此表示不确定。

第二部分

遗传

早在科学家掌握遗传机制之前，人们就已经认识了基本的遗传现象。大约一万年前，我们的祖先就已经开始驯化动物和植物，通过有选择性地繁殖野生动植物的变种进行农耕和畜牧。他们清楚地认识到，变异的性状可以通过繁殖传给下一代。直到19世纪，奥古斯丁修道院的修士格雷戈尔·孟德尔（Gregor Mendel）在豌豆植株上进行了开创性的实验，人们才开始理解性状是如何由父母传给后代的。孟德尔的成果发表于1866年，尽管当时人们已经对达尔文-华莱士关于进化论和遗传新理论产生了浓厚的兴趣，但孟德尔的工作和思想在很大程度上并未引起人们的注意。谦虚的孟德尔修士经常对他的朋友说："会有属于我的时代的。"

　　孟德尔的时代确实到来了，然而就像许多生物学先驱一样，孟德尔没能亲眼见证这一时刻。孟德尔的研究成果在1900年左右被"重新发现"，在随后的半个世纪中，随着科学家发现了染色体是遗传的基础（第3章）、DNA是遗传的化学基础（第4章）、DNA的结构（第5章）以及遗传信息是如何通过组合、传递并通过突变改变的，人类终于揭开了遗传之谜。这些根本性的发现催生了基因工程领域的技术革命，在医学上开创了新纪元，如今，人类疾病已经可以通过基因疗法得到治愈（第6章）。

第3章　项链上的珍珠

世界的未来掌握在那些能够比他们的前辈更进一步解释自然的人的手中。

——托马斯·赫胥黎

和如今的许多学生一样，托马斯·亨特·摩尔根（Thomas Hunt Morgan）是在他的家乡读的大学。很难想象如今有哪所学校会试图强制执行1880年摩尔根在列克星敦的肯塔基州立大学被迫遵守的那些规定。这所学校共有300名男生和10名教员，校董会制定了189条规章制度，并由校长严格执行。例如，拥有除教科书、报纸或杂志之外的任何书籍都需要校长的特别许可，在学习时间离开房间同样要获得许可。悲哀的是，学校严格禁止学生谈论任何关于学校领导的话题，无论是正面的还是负面的。

尽管校规严苛，摩尔根还因"在大厅闹事"和"做礼拜迟到"之类的事情被记了几次处分，但他在学校的表现依旧很出色。然而在大四那年，摩尔根发现尽管自己非常努力学习，但法语课几乎没及过格。这位后来验证了孟德尔遗传定律的年轻人，差点"被自己的家世所害"。

摩尔根的家族是肯塔基州的名门望族，在美国有着深厚的根基。他的父辈一方的祖先于1636年抵达美国，他的母亲是一位革命军上校的孙女，后来成了马里兰州的州长，也是美国国歌《星条旗永不落》的作词者弗朗西斯·斯科特·凯伊（Francis Scott Key）的孙女。美国南北战争时期南方联盟军的将领约翰·亨特·摩根（John Hunt Morgan）则是他的伯父，然而，约翰的赫赫军功却给汤姆（大家通常这样称呼摩尔根）带来了一些麻烦。

美国南北战争（1861—1865年）爆发时，约翰·亨特·摩根加入了南方联盟，并晋升为准将。1863年的夏天（就是葛底斯堡战役的那年夏天），摩根将军率领2000多名骑兵大胆地突袭了印第安纳州和俄亥俄州北部。这支突击队在46天长达1600多公里的骑行中，从联邦平民手中夺取了马匹和补给，并在与州民兵发生的冲突和与联邦军队的激战中掠夺了许多俘虏。不幸的是，摩根准将，也就是摩尔根的叔叔带走的俘虏中，有一个是摩尔根未来的法语老师弗朗索瓦·赫尔维蒂（Francois Helveti）教授。在从辛辛那提到列克星敦140多公里的路程中，这位教授一直被迫脸朝后倒骑在一只骡子上。即使20多年后，赫尔维蒂仍然对摩根家族耿耿于怀。

摩尔根最后还是顺利地通过了法语考试。他最终开创了新的领域，并为摩根家族在科学界赢得了新的声誉。

摩尔根教授

从还是个小男孩时起，摩尔根就喜欢在美丽的肯塔基州乡村漫游，收集各种生物，还在山坡上的铁路路堑中寻找化石。10岁左右时，他将收集的鸟类、蝴蝶、蛋和其他珍宝放满了阁楼里的两个房间。大学毕业后，凭着对动物和相关研究的浓厚兴趣，摩尔根考取了约翰·霍普金斯大学的动物学研究生。

当摩尔根于1886年开始他的研究时，那些生物学最深处的谜团——遗传、发育和进化——似乎都已经展露在人们面前。达尔文和华莱士的演化论已经在数十年前，即1858—1859年发表（第7章），生命会随着时间的推移而发生演化的事实已被人们广泛接受，但是具体的演化机制仍然存在很多争议，特别是没有任何理论能够解释突变是如何在代与代之间传递的。孟德尔关于豌豆植株遗传的实验成果早在20年前（1866年）就已发表，却完全没有引起人们的注意。人们对发育的奥秘，即一个受精卵是如何发育成个体的，还一无所知。

和那个时代的许多生物学家一样，摩尔根对这三个过程都很感兴趣，因为这三个过程是以某种方式联系在一起的。随着发育过程，动物形态会随着时间而变化，而这样的变化又是可以遗传的。摩尔根必须选择一个具体领域开始自己的研究了，他最终选择了"发育"领域。研究生毕业后，摩尔根成了布林莫尔学院的教授，在那里，他多年一直致力于各种海洋动物及其胚胎的研究工作。他热爱设计实验，但从不使用那些花哨的设备。例如，为了测试重力对海胆发育的影响，摩尔根把海胆的卵放入试管中，并将试管固定到一个由水力驱动的自行车车轮上，让它们旋转起来。

一个长久以来困扰着人们的问题重新点燃了摩尔根对遗传的兴趣：是什么决定了受精卵的性别？当时大多数生物学家认为，是诸如营养或温度之类的外部因素影响了性别发育。1903年，摩尔根写道："试图发现任何一个对所有类型的受精卵都有决定性影响的因素可能是徒劳的。"但就在摩尔根写下这些话后不久，一项由他在布林莫尔学院的学生进行的研究，为解开性别之谜提供了至关重要的线索。

从很多方面而言，内蒂·玛丽亚·史蒂文斯（Nettie Maria Stevens）都是一位不寻常的科学家。首先，她是一位女性，这在19世纪90年代的科学界是非常罕见的，因为当时女性在科学领域的机会非常有限。事实上，布林莫尔学院是第一所授予女性博士学位的大学。其次，她39岁才开始攻读博士学位，年龄比大多数学生要大得多，在那之前，她是一名出色的教师。再次，她非常有才华，1903年获得博士学位时，史蒂文斯已经发表了9篇论文，还获得了不少奖项，这使她得到了在意大利和德国的顶尖机构进行研究的机会。为了让史蒂文斯能够继续自己的研究，摩尔根非常热情地为她的特别奖学金申请撰写了推荐，他这样写道："在过去的12年里，我教过的研究生中没有一个人像史蒂文斯小姐那样有能力和独立……史蒂文斯小姐不仅受过良好的教育，而且极具天赋。我相信这样的人才对我们而言十分稀缺。"

史蒂文斯想要研究各种昆虫的染色体数量和染色体行为，以及染色体与性别之间可能存在的关系。20世纪初，人们已经知道细胞中含有被称为染色体的可见结构，但对其生物学功能尚不清楚。

通过显微镜对动植物细胞进行观察，人们得知不同物种的染色体数量不同。而在观察某些细胞特别大的生物时，人们发现每条染色体的大小是不同的。此外，研究显示，在细胞分裂前染色体会进行复制，并且每个子细胞都会保留一份染色体。染色体的个体差异和染色体行为使人们得出了染色体在某种程度上负责遗传的假设。

然而，当时人们还没有将性状与特定的染色体联系起来。史蒂文斯选择了五种昆虫，并仔细检查了其成虫、卵子和精子的染色体。

在对黄粉虫进行研究后，史蒂文斯发现成年雌性黄粉虫有20条比较大的染色体，而雄性黄粉虫有19条较大的染色体和1条较小的染色体，在未受精的卵子中则有10条较大的染色体。史蒂文斯还发现黄粉虫有两种类型的精子：一种有10条较大的染色体；另一种有9条较大的染色体和1条较小的染色体。

图3.1　黄粉虫发育中的精子里的染色体，左图中有9条较大的染色体和一条较小的染色体，右图中有10条较大的染色体

史蒂文斯认为，黄粉虫应该是一个由染色体差异决定性别的典型案例：携带较小染色体的精子决定了雄性，而携带10条较大染色体的精子决定了雌性。卵子为每种性别都贡献了10条染色体。

　　至少在这类甲虫中，史蒂文斯已经对性别和染色体之间的关系有了基础的认识，但是她还没有搞清楚染色体的差异是如何影响性别的。史蒂文斯推测，性别可能与染色体的数量或质量有关。然而，她无法对"是什么决定了性别"这个问题给出概括性的回答，因为她研究的其他物种都没有类似的异染色体，她还需要更多物种的更多数据。

　　在接下来的几年里，史蒂文斯将她的研究范围扩大到50种甲虫，并在12种甲虫中发现了异染色体。其他科学家也在一些昆虫中发现了类似的异染色体。但对史蒂文斯、摩尔根以及其他生物学家来说，有些雄性昆虫有异染色体，有些则没有，这种不一致性让他们感到困惑。要弄清楚决定性别的机制和所有性状的遗传机制，还要等待对一种小昆虫进行的研究。

白眼果蝇

　　1900年，三名植物学家分别重新"发现"了孟德尔的著作，并使其在科学界广为人知。这位奥古斯丁修道院的修士对普通的豌豆植株进行了多年的育种实验，颠覆了人们之前的观念。在那之前，人们普遍认为：两种不同性状（例如，高和矮）的植株之间的杂交会产生具有中间性状（不高也不矮）的后代。但孟德尔通过研究发现，某些遗传性状并没有融合，而是具有"显性"或"隐性"。例如，将高大和矮小植株或是种皮光滑和种皮缩皱的植株进行杂交，在第一代杂交中培育出的子代全都是高大植株或是种皮光滑的植株。

此外，孟德尔还发现，让这些子代再次杂交，会以3∶1的比例培育出高大和矮小植株或是种皮光滑和种皮缩皱的植株，原始的母本或父本性状会重新出现，而不是融合在一起。性状是离散着遗传的，而不是融合的，这使得孟德尔提出性状是以"颗粒"的形式遗传的，即后代从父母双方各遗传一个"颗粒"，但孟德尔无法详细说明这些"颗粒"是什么。

孟德尔还发现，当具有两对相对性状"颗粒"的杂种进行自交时，这些性状是分别独立遗传的，植株高大且种皮光滑、植株高大且种皮缩皱、植株矮小且种皮光滑和植株矮小且种皮缩皱的子代的比例是9∶3∶3∶1。从观察中，孟德尔总结出了两条遗传"定律"：（1）分离定律，控制同一性状的"颗粒"成对存在，会在配子形成过程中分离，后代从父母双方各获得一个"颗粒"；（2）自由组合定律，即对于两对或两对以上的性状而言，控制每一种性状的"颗粒"会各自独立地分离，进入不同的配子，因此各种性状会以组合的方式遗传给后代。

孟德尔没有使用"遗传学"和"基因"这两个词，这两个词是1909年才被创造出来的，与摩尔根同时代的科学家用它们来描述决定性状的"因素"。但是这些"颗粒"和"因素"是什么呢？

很明显，染色体就是孟德尔所说的 "颗粒"，但数量庞大的不同性状和数量有限的染色体在数目上无法对应，染色体和性别之间的关联虽然有趣却扑朔迷离。以蛾和鸟类为例，它们不是雄性，而是雌性有异染色体。这实在令人困惑，摩尔根无法确认染色体是如何决定性别的，有时他甚至怀疑孟德尔是否是正确的。

摩尔根决定寻找遗传的功能性机制。1904年，摩尔根来到哥伦比亚大学，对包括老鼠和昆虫在内的多种动物进行了各种各样的研究，希望能找到遗传突变。

　　摩尔根试图通过向蛹中形成生殖细胞的部位注射酸、碱、糖、盐这些物质来诱导昆虫发生突变，但没有任何作用。他又尝试了更多种类的昆虫，例如黑腹果蝇（*Drosophila melanogaster*），甚至将其幼虫暴露在镭的放射性中。但两年多来，摩尔根的研究一直毫无进展，果蝇在实验瓶中也没有发生任何突变。"我浪费了两年的时间，"摩尔根告诉一位参观实验室的访客，"我一直在养那些苍蝇，但一无所获。"

　　终于，在1910年年初，摩尔根发现了一只白色眼睛的雄性果蝇（正常情况下，雌雄果蝇眼睛都是红色的）。摩尔根小心翼翼地让这只白眼的雄性果蝇与一只红眼雌性果蝇交配，并耐心地等待它们的后代出生。10天后，摩尔根发现出生的所有果蝇的眼睛都是红色的。

　　摩尔根将这一代红眼果蝇命名为F_1，让它们交配，并将它们的后代命名为F_2。F_2中白眼和红眼的果蝇的比例是1∶3。这与孟德尔的豌豆实验中隐性性状的表现方式一致，不过所有的白眼果蝇都是雄性的。摩尔根欣喜若狂，因为这种白眼性状似乎是和性别一起遗传的。

　　摩尔根试图将研究结果套用在关于黑腹果蝇的染色体的研究中。内蒂·史蒂文斯发现黑腹果蝇有四条染色体，雄性黑腹果蝇携带一个较短的异染色体：也许白眼的性状与异染色体有关？但是，当摩尔根让红眼雌性和白眼雄性的子代F_1与白眼雄性杂交时，大约一半的雄性果蝇是白眼，还有一半的雌性也是白眼。摩尔根只能用白眼性状与Y染色体无关，而与X染色体有关来解释白眼雌性的出现。白眼雌性（XX）有两个白眼遗传因子，而白眼雄性（XY）只有一个白眼遗传因子，Y染色体没有携带影响眼睛颜色的遗传因子。

发现遗传因子和染色体之间的密切联系令人兴奋，但这还不足以让摩尔根得出一般性结论。摩尔根没有由此断定白眼遗传因子是X染色体的一部分。他还需要获得更多的实验数据和更多的遗传突变来证明这件事。

摩尔根不需要再寻找别的突变生物了。在第一只白眼果蝇出现后，其他变异性状也开始不断出现。摩尔根随后又发现了与性别有关的黄色体色突变体和残翅突变体。每个月都会有一两个新的突变体加入到不断壮大的果蝇王国中。摩尔根忙着研究这些果蝇，并在著名的《科学》期刊的一篇论文中坦言："这些突变出现得如此迅速，我的时间几乎完全花费在了培育新出现的纯品系上，这些纯品系可以在未来的遗传学研究中发挥巨大的作用。"

很快就会有人来帮助他了。

蝇房实验室

1909年，摩尔根已经在哥伦比亚大学工作了24年，这年秋天，他第一次代替同事在动物学导论课上做开课演讲。这场演讲将改变几个人的生活和遗传学的历史。这不是因为摩尔根有多么出众的教学能力：他充其量只是一个普通的讲师，而是因为有两个本科生，阿尔弗雷德·斯特蒂文特（Alfred Sturtevant）和卡尔文·布里吉斯

（Calvin Bridges）刚好选修了这门课。两人后来找到了摩尔根，并成为他的亲密合作伙伴。

斯特蒂文特在阿拉巴马州的一个农场长大，业余爱好是研究他父亲饲养的赛马的血统。大三时，斯特蒂文特向摩尔根提交了一篇关于马的毛色遗传的论文。摩尔根对此印象深刻，他帮助斯特蒂文特发表了论文，并为他在果蝇实验室提供了一个研究职位。布里吉斯比斯特蒂文特小一届，摩尔根让他在实验室里清洗实验瓶。后来，布里吉斯透过牛奶瓶厚厚的玻璃发现了一只眼睛颜色不同的果蝇，这是一种被称作朱砂眼的新的突变体。随即，布里吉斯迅速在斯特蒂文特和摩尔根旁边支起一张办公桌，三个人一起开始了研究工作。

小小的实验室里塞了八张桌子，中间是一张大餐桌，用来为果蝇准备食物。实验员用手持放大镜（显微镜那时还不是实验室标配）在办公桌前检查果蝇，记录它们的数量和外观。那些准备用来配对的果蝇会被放在半品脱的牛奶瓶里，这些牛奶瓶是摩尔根从大学自助餐厅"借来的"。摩尔根一开始用捣碎的发酵香蕉作为果蝇的食物，结果产生了让整栋楼的人都难以忍受的恶臭，后来只好改用含有香蕉泥的琼脂。他还会在每个瓶子里放一张纸，一方面用来吸收多余的水分，同时还可以给果蝇提供一个干燥的可以停歇的干燥区域。一向节俭的摩尔根经常将用过的信封塞进瓶子，偶尔也会将收到但未拆封的信件塞进去。

斯特蒂文特和布里吉斯加入实验室时分别是19岁和21岁，当时摩尔根44岁，虽然年龄差异不小，但摩尔根还是和他年轻的团队建立了亲密的伙伴关系。在欧洲教育体系中，教授们通常都是权威，很少受到质疑。与之相反，摩尔根则鼓励学生公开讨论和自由交流意见。无论是谁提出了新想法或批评，大家都可以加入讨论。摩尔根还鼓励在实验室之外的地方进行讨论。每周五晚上他们都在摩尔根家里聚会，一边喝啤酒、吃饼干，一边讨论科学论文。摩尔根非常节俭，但有时又很大方，他默默地帮助了许多经济困难的学生。出于对他的喜爱和尊重，学生们称他为"头儿"。

他们讨论的主要议题之一是已发现的不同性别相关因子之间的物质关系。如果这些因子位于X染色体上，则它们应与X染色体一起分离。但是在同时携带白色和残翅因子的果蝇杂交后代中，两个特征并没有出现分离。

摩尔根对此给出了解释。他读了F.A.詹森斯（F.A. Janssens）研究两栖动物生殖细胞形成的论文。在显微镜下，詹森斯看到在减数分裂过程中，成对的染色体会交织在一起。他提出，染色体实际上会断裂，并有部分的交换。摩尔根意识到，在这种后来被称作"交叉互换"的过程中，分离的遗传因子会在两个X染色体之间交换。

摩尔根阐述他的推理时，斯特蒂文特正坐在他的办公室里。这位大四学生突然意识到，如果基因连锁[1]的强度随着遗传因子之间距离的变化而变化，那么就可能可以根据特征共同分离的频率来确定染色体上遗传因子的顺序和距离。斯特蒂文特立刻回到家中，忽略其他作业，花了一整夜的时间来计算性染色体连锁因子之间的交

1　基因的连锁交换定律指是在进行减数分裂形成配子时，位于同一条染色体上的不同基因，常常连在一起进入配子；在减数分裂形成四分体时，位于同源染色体上的等位基因有时会随着非姐妹染色单体的交叉而发生交换，因而产生了基因的重组。

换频率。根据它们不共分离[1]的频率，黄色身体因子似乎非常接近白眼因子，但与朱砂眼和残翅因子相距较远。就在这个晚上，斯特蒂文特构建了第一张遗传图谱。

现在，摩尔根有充足的证据证明遗传因子存在于染色体的不同位置上。他在《科学》上发表了论文，对孟德尔定律进行了重要的补充。孟德尔在他的第二定律中强调了遗传因子的独立分离，摩尔根则试图解释他在果蝇中观察到的一些性染色体因子的共分离或"耦合"。摩尔根写道："我们发现性染色体与某些因子存在耦合，而与其他因子却很少或根本没有耦合；差异来自代表这些因子的染色体物质之间的线性距离。"他解释说："结果是简单的机械结果，即因子在染色体中的位置，同源染色体的结合方法以及因子在染色体中的相对位置。"

在摩尔根的设想中，染色体上的遗传因子（后来被称为"基因"）有些像项链上的珠子，这样当两条染色体/项链配对时，它们可以断开并交换一组基因/珠子。

斯特蒂文特、布里吉斯和摩尔根很快发现，一些基因不与X染色体基因耦合，但会与其他基因群耦合。例如，黑腹、卷翅、残翅与其他五个因子相互耦合，但与另外四个基因不耦合。研究小组有证据表明果蝇中存在3组"连锁群"：一组在X染色体上，另外两组不在X染色体上。他们得出结论，这三个连锁群位于不同的染色体上。

1　共分离是指在有性繁殖的后代，假如基因附近有一紧密连锁的分子标记，在细胞减数分裂时分子标记与基因之间由于相距太近很少有机会发生交换，那么这种分子标记与连锁的基因有最大的可能同时出现在同一个个体中。

染色体遗传学说

几篇关于果蝇的论文和他们的"蝇房"还不足以让全世界相信摩尔根的团队已经解开了染色体和遗传的奥秘。秉承蝇房实验室的合作精神，摩尔根邀请他年轻的同伴，斯特蒂文特、布里吉斯和另一个学生赫尔曼·穆勒共同撰写了《孟德尔式遗传的机制》（*The Mechanism of Mendelian Heredity*，1915年），该书回顾了他们所有实验证据和整个遗传理论。

这本书是生物学的一个分水岭。几年前，包括摩尔根在内的所有人都还觉得遗传机制神秘莫测，现在却有了具体的物理解释和强有力的实验支持。一位评论家说："染色体理论是人类成就中伟大的奇迹之一。"

遗憾的是，内蒂·史蒂文斯没有见证染色体理论生根发芽，她于1912年因乳腺癌去世。摩尔根在《科学》上为他曾经的学生写了长篇悼词："史蒂文斯小姐为一项重大发现做了杰出贡献，她的名字将会被人们铭记……她的专注和奉献精神，加上敏锐的观察力，她的深思熟虑和耐心，加上优秀的判断力，是她取得杰出成就的部分原因。"

在获得学士学位后，斯特蒂文特、布里吉斯和穆勒留在了蝇房实验室，在摩尔根的指导下继续研究并获得了博士学位。事实上，斯特蒂文特和布里吉斯两个人在哥伦比亚大学待了17年，继续与他们的"头儿"一起研究遗传学。摩尔根获得了1933年的诺贝尔生理学或医学奖。

第4章　谁能猜得到？

迄今为止，自然界最伟大的成就无疑是发明了DNA分子。

——刘易斯·托马斯，《水母与蜗牛》

战斗机再次呼啸而来。

在一个多月的休战后，伦敦人又一次在空袭警报声中寻找掩护，并焦虑地听着战机逼近的轰鸣声。1940年9月7日，闪电战[1]的第一个夜晚，250余架德国轰炸机使用烈性炸药、炸弹和燃烧弹轰炸了伦敦。在此后的60多个夜晚中，居民们一直在高射炮的轰鸣声、炸弹落下的呼啸声、爆炸声和建筑物的倒塌声中度过。

在德国轰炸英国，想迫其投降的前8个月里，仅在伦敦就有2万多平民丧生，成千上万栋建筑被摧毁或损坏，100多万人失去家园。

1　闪电战又名闪击战，是第二次世界大战德国纳粹使用的一种战术，创建者是德国名将海因茨·威廉·古德里安。它充分利用飞机、坦克和机械化部队的快捷优势，以突然袭击的方式制敌取胜，用机械化部队快速切割敌军主力来达到预期效果。

无数的地标性建筑，包括白金汉宫和国会大厦都遭到严重破坏。航运和交通陷入瘫痪，食物和燃料短缺且配给不足。

但是伦敦和英国都经受住了考验。英国首相温斯顿·丘吉尔（Winston Churchill）在一次全国广播讲话中，赞扬英国人民奋起反抗希特勒"谋杀和恐怖主义勒索"的勇气。他赞扬了警察、消防队、急救队和救援人员，他们以极大的勇气应对国家的苦难。丘吉尔还赞扬了医疗和公共卫生部门，尽管防空洞里人满为患，供水和污水管道也遭到破坏，但他们竭尽全力阻止了疾病的暴发。

62岁的微生物学家弗雷德里克·格里菲斯（Frederick Griffith）博士是医疗和公共卫生部门的专家之一，他在战争初期就帮助英国建立了紧急公共卫生实验室（Emergency Public Health Laboratory）。作为一名坚定的爱国者，格里菲斯还贡献了他的铝锅和平底锅来帮助国家建造喷火式战斗机，购买战争债券，并坚定地拒绝"为任何一个德国人"搬离伦敦。

所有的公民都在贡献自己的一分力量。丘吉尔向公民保证："我们不会失败或动摇；我们不会虚弱或疲倦。"

但1941年4月16日的夜晚，将是伦敦经历的最糟糕也最严峻的考验之一。这次袭击的规模比之前大得多，是自战争开始以来最猛烈的一次。685架轰炸机在城市上空投掷炸弹，从晚上9点左右开始，一直持续到第二天黎明。除了890吨烈性炸药和15万枚燃烧弹，德国人还使用了伞投水雷，挂着水雷降落伞缓慢下降，落在建筑物屋顶上，几秒后就会爆炸。这种武器的爆炸范围比直接撞击引爆式炸弹要大得多，事实证明，它最大限度地对城市造成了破坏。

午夜刚过，一枚伞投水雷降落在历史悠久且景色优美的威斯敏斯特区克莱斯顿广场75号格里菲斯家的房子上。随之而来的爆炸将建筑物夷为平地，还破坏了附近的几座建筑。救护车和救援队被紧急派往这里。救援人员从深夜一直工作到早晨，在废墟中寻找幸存者和遇难者。同样疯狂的场景在城市的数百个地方不断上演。

格里菲斯在这次空袭中不幸遇难，他是在突袭中丧生的1000多名伦敦人之一。格里菲斯看起来并不像是一个会让后人长久铭记的人，他性格内向、少言寡语、深居简出、无妻无子，也没有太多亲密的朋友。但几年前，他曾有一个惊人的发现，这一发现揭示了DNA是遗传的化学基础，也确保了他会因为自己在遗传学中的成就而被人们铭记。

肺炎历险记

格里菲斯毕生致力于研究各种细菌引发的疾病，包括肺结核、肺炎和猩红热。他坚信，想要在治疗传染病和预防流行病方面取得进展，就需要对引发疾病的微生物有精确的了解。其中首要要求之一就是要能够识别并对不同种类的细菌进行分类。

格里菲斯很大一部分研究的重点受到了战争的影响。在生命的最后阶段，他还在研究从伤口中分离出来的细菌。20年前，第一次世界大战结束后，他关注的重点是一种导致全球流行病的致命细菌。在那场战争即将结束时（1918年）流感疫情暴发，最终导致2000万至5000万人死亡，比在战争中死亡的人数还要多得多。对大多数死者而言，致命的不是流感病毒本身，而是继发的二次感染。其中最常见的罪魁祸首之一就是肺炎链球菌，这是一种在鼻腔中和肺部黏膜上十分常见的细菌。格里菲斯想要了解这种"无处不在，表面人畜无害的生物突然变得更具致病性……并引发流行病"的方式和原因。

肺炎链球菌可以根据其荚膜上多糖抗原结构的不同被分为多种类型，当时人们已经知道了I型、II型和III型，还有被称为IV型的第4个异质群。格里菲斯发现，肺炎链球菌的类型不止4种，在细菌培养板上培养肺炎链球菌时，因具有多糖类的荚膜，4种主要类型的菌落呈边缘平滑的圆形且有反光；但还有一种没有荚膜的变体，其菌落很小，边缘也不规则。将细菌注射到小鼠体内时，格里菲斯观察到，所有平滑型的肺炎链球菌都是有毒性且致病的，会导致小鼠死亡，而粗糙型的肺炎链球菌则是无毒的。

然而，在对感染晚期的小鼠身上的样本进行培养后，格里菲斯意外地在琼脂板上获得了平滑型和粗糙型菌株的混合菌落。将培养出的样本重新注入小鼠体内时，3个粗糙的菌落如预期的一样无毒，但是一个粗糙的菌落引起了致命的感染。这是格里菲斯和其他人第一次观察到有毒的粗糙菌落。这种粗糙菌落属于IV型。

格里菲斯决定对这种不寻常的微生物进行研究。由于粗糙的菌落是由之前光滑的菌落培养出来的，他想知道是否能将粗糙的菌落重新还原成光滑的菌落。在小鼠体内进行了一系列实验室传代培养[1]后，他获得了一个看起来像是光滑菌落的小且有光泽的菌落，也同样有毒性。然后他尝试用一种粗糙的、无毒的II型毒株重复这一实

1　传代培养是指需要将培养物分割成小的部分，重新接种到另外的培养器皿（瓶）内，再进行培养的过程。

验。格里菲斯发现，通过在小鼠身上注射大剂量的细菌，他能够获得光滑的、有毒性的菌落。

这种变化是如何发生的还是个谜。不过，格里菲斯由此产生了一个想法：对于将一个菌株从粗糙的无毒形态转变为光滑的致病形态，大剂量的细菌非常重要。细菌荚膜表面上决定其类型的结构被认为是复杂的碳水化合物。粗糙细菌缺乏荚膜和那些碳水化合物，但是格里菲斯想知道那里是否仍然存在一些碳水化合物合成酶的痕迹，使当大量的粗糙细胞聚集起来时，能恢复一些特定类型的碳水化合物。

考虑到这种酶可能易被高温影响，他开始测试在不同温度下加热杀死的细菌是否也能将少量的无毒活性细菌转化为有毒细菌。实验证明这是可行的，将灭活的平滑型细菌和无毒的粗糙型活性细菌一起注射到小鼠体内后，产生了边缘平滑的、有毒的菌落。对照实验表明，单独使用灭活的平滑型细菌或无毒的粗糙型活性细菌都无法产生这样的转化。

在最初的实验中，格里菲斯用与之前实验中相同类型的灭活的平滑型细菌转化出了粗糙菌株。他原本预计只有在将相同类型的细菌组合在一起时，才会出现这种显著的效果。格里菲斯随后尝试将一种粗糙无毒菌株与另一种灭活的细菌混合，并将混合物注射到小鼠体内。令他吃惊的是，他得到了光滑、有毒的菌株，全部都是灭活细菌的类型。

格里菲斯绝对确定他的灭活细菌中没有会破坏实验的活细菌，但结果就是如此出人意料。格里菲斯用灭活细菌和活性细菌的不同组合进行重复实验。粗糙的菌株都被转化成为灭活细菌的类型。

　　格里菲斯不是唯一一个对此结果感到惊讶的人,他关于肺炎链球菌类型转变的报告使其他的微生物学家感到震惊。例如,美国著名的链球菌专家奥斯瓦尔德·艾弗里(Oswald Avery)就认为细菌类型应该是稳定的,他很难接受链球菌可以从一种转变为另一种。直到有人在艾弗里暑假外出的时候在他的实验室里重现了格里菲斯的实验结果。格里菲斯以谨慎著称,他对实验方法的描述非常详细,其他实验室能迅速证实他的发现。

　　但究竟是什么物质导致了细菌类型的转变呢?什么样的化学物质能引起细菌的遗传变化?在发现细菌类型转换的13年后,格里菲斯去世之时,这种转化物质的身份仍然未知。格里菲斯本人并没有继续探究这个问题,他更关心自己的发现在医学和流行病学上的意义。但远离噩梦般的伦敦,在大西洋彼岸,一个研究小组找到了线索,并即将找到震惊科学界的答案。

费斯

　　奥斯瓦尔德·艾弗里和弗雷德里克·格里菲斯有两个重要的共同点,他们都是训练有素的医生、对研究肺炎链球菌充满热情,而且都具有非常谨慎的科学天性;他们都决心要了解疾病并帮助人们战胜它们,并且谦虚内敛、从不夸大研究的意义。但在另外一些方面,两人截然相反。格里菲斯极其害羞,总是极力避免社交场合;而艾弗里欢迎任何访客或陌生人,也更加外向并善于与人交流。艾弗里的热情吸引了许多才华横溢的年轻科学家加入他的研究团队,他的语言表达能力令人印象深刻,所以纽约洛克菲勒医学研究所[1]的学生和他的同事都亲切地称其为"那位教授"或"费斯"（Fess）。

尽管艾弗里最初对链球菌类型的转化持有强烈的怀疑态度，但当他确定了这种现象是真实的，就立刻开始寻找促使转化的物质。这些实验非常困难，并且还有其他更紧迫的工作需要他处理，因此这项研究只是时断时续地进行着，甚至一度停滞。直到1940年10月，艾弗里和一位年轻的加拿大医生科林·麦克劳德（Colin MacLeod）一起重新启动了关于转化物质的研究工作。

在之前的10年里，艾弗里的团队取得了两项重要的进展。首先，他们成功地实现了在培养基中对细菌类型进行转化，从而免去了耗时的接种小鼠的过程和其带来的不确定性。其次，他们从细菌中获得了能够转化灭活细菌的活性的提取物。通过更简单的活性测试和活性提取物，他们就有可能提纯并识别转化物质（也就是艾弗里所说的转化"原理"）。

黏稠的提取物中混合了细菌细胞中所有种类的大分子：蛋白质、脂类、糖类和核酸。这种复杂性并不是提纯各种大分子物质的唯一挑战，转化物质本身的活性也会被提取物中的酶破坏。1940年，几乎没有任何提纯或分析大分子的成熟技术。但所有提纯方法都指向效果良好的经验法则：一定要确保从获得尽可能多的活性物质开始。尽管科学家努力地提纯，但经过处理的细菌活性变化非常大，有时甚至没有活性。艾弗里经常说："失望是我日常的主旋律。"

---

1   洛克菲勒医学研究所1901年在纽约成立，即洛克菲勒大学前身。

麦克劳德和艾弗里致力于尝试用多种技术来将提取物分离成不同类别的分子。分离的过程实质上是一种消除过程,将不同种类的分子从提取物中逐一去除。在1940—1941年冬天,麦克劳德和艾弗里发现,使用化学物质三氯甲烷(CHCl$_3$)可以有效地去除提取物中的蛋白质(并破坏蛋白酶)。他们还发现通过添加核糖核酸酶来破坏核糖核酸(RNA)对细菌活性没有影响。当他们终于弄清楚如何从细菌中获得更多的活性物质时,便将制备规模从2—3升细胞培养物扩大到一批生产50升。

在对提取物进行分离时,其中有一步是用酒精沉淀转化活性物质。这种沉淀物中包含大量的荚膜多糖,因此,他们认为荚膜多糖可能在转化中起到了一定的作用。因为一些别的事情,麦克劳德有时得离开实验室去做其他工作,另一位年轻的医生麦克林恩·麦卡蒂(Maclyn McCarty)加入了艾弗里的实验室。麦卡蒂使用了一种特定的能破坏多糖的酶,他发现转化活动并未受到影响,所以转化活动是由其他物质引发的。

麦卡蒂成功地清除了提取物中的蛋白质及多糖,那么其中还剩下哪些物质?通过化学检测,提取物中的脱氧核糖呈阳性。但这只能说明其中存在脱氧核糖核酸(DNA),不能证明转化是由DNA造成的,因为还有其他物质存在。麦卡蒂注意到,DNA拥有与转化因子相同的纤维状和黏稠的性状。因此,麦卡蒂决定测试各种分解(解聚)DNA的粗制酶制剂影响转化活性的能力,发现DNA解聚和转化活性的破坏之间存在完美的相关性。

尽管如此,这些结果仅表明DNA可能是影响转化活性的物质。麦卡蒂和艾弗里知道风险太大,不能出错。他们必须消除其他污染物质携带该活性的可能性，需要尽可能地提纯细菌DNA制剂。麦卡蒂提出了分离和提纯DNA的方法，他发现基本上所有的转化因子都在DNA分离物中。

在那之前，生物学家对DNA的功能一无所知，甚至不确定是否在大多数物种中都有DNA。化学家只知道DNA仅由4种核苷酸组成，但也并不清楚它的结构。当时大家普遍认为，蛋白质是由20种不同的氨基酸构成的长链，它才是细胞内特定生物活性的"责任人"。

1943年5月，艾弗里写信给同为科学家的哥哥罗伊（Roy），告诉他这个消息：

> 在过去的两年里，我先是和麦克劳德，现在又和麦卡蒂博士一起，一直在试图找出是哪种化学物质引发了这种特殊的变化……其中充满了令人头痛和使人心碎的工作。但最终，也许我们找到了答案……
>
> 简而言之，这种物质具有高度的反应性，并且在基本分析上非常接近纯脱氧核糖核酸的理论值……（谁能想到呢？）

那篇文章当时还没有提交发表，所以艾弗里保持着一种既谨慎又兴奋的状态：

> 如果我们是对的——当然这还没有被证明——那么这就意味着……一种已知的化学物质，有可能在细胞中诱导出可预测和遗传的变化。这是遗传学家长久以来的梦想。

没得诺贝尔奖？

这一发现发表于1944年2月，当时全世界都深陷战争之中，科学界也未能幸免。生物学家们过了一段时间才注意到这份报告，但对此反应不一。有些人觉得DNA只是由4个重复碱基（ACGT）组成的聚合物，说它可以携带特定的信息实在令人难以置信；也有些人认为这种转化活性可能是细菌中特有的现象。当然，大部分人认为这可以被称作是生物领域中最令人兴奋的突破。

要说服怀疑者并阐明DNA是如何携带信息的，还需要几年的时间和其他人的进一步发现。1944年，67岁的艾弗里推迟了自己的退休时间，开始专心研究这种转化物质。他于1948年正式退休，1955年去世。两年后，沃森和克里克破译了DNA的结构（第5章）。

有人可能会认为，由于发现DNA的功能这一重大进展，艾弗里应该被授予诺贝尔奖。但是，诺贝尔委员会没有及时认识到艾弗里成果的重要性，而且诺贝尔奖是不追授死者的。委员会的主席后来承认，忽视艾弗里是诺贝尔奖最大的疏忽之一。当然，是格里菲斯最初困难的、令人惊讶的实验为艾弗里的发现创造了可能，而格里菲斯也没有得到诺贝尔奖的认可。

第5章　生命的奥秘

在找到证据之前就妄下推测是个致命的错误。不知不觉中，人们开始扭曲事实以适应理论，而不是根据事实构建理论。

——《四签名》中夏洛克·福尔摩斯语，

阿瑟·柯南·道尔

科学的进程常常被比作侦探小说，科学家（侦探）通过对证据的不懈追求和巧妙的推理，最终解开了一些谜团。探索DNA结构及其遗传机制的过程也是如此。

帕克兄弟公司曾于1949年推出过一种侦探桌游，游戏目标是找出正确的凶手、凶器和行凶房间，第一个破解谋杀案。每个玩家分别扮演游戏中六个角色之一，移动桌面上的道具，提出破解谜团的"猜想"，例如："我认为是黄上校（黄色棋子）在图书馆用烛台犯下了罪行。"然后，每个玩家要单独向指控者出示线索卡，证明嫌疑人、凶器或行凶房间并不是如其所想，证明"猜想"的错误。

一旦某个玩家确信自己知道破案关键，他就会提出"指控"来赢得游戏。

DNA解谜游戏同样涉及6个主要参与者、几个错误的猜想、一些共享和非共享的重要线索，以及一些指控。涉及的科学家和小说中的斯嘉丽小姐、普拉姆教授和格林先生一样古怪。他们包括：

埃尔文·查戈夫（Erwin Chargaff），哥伦比亚大学内科和外科学院的生物化学教授，他博学多才，热情认真，经常批评他人；

莱纳斯·鲍林（Linus Pauling），加州理工学院著名化学教授，他才华横溢，性格外向，直言不讳，曾于1951年破译蛋白质的二级结构；

莫里斯·威尔金斯（Maurice Wilkins），一位腼腆矜持的英国人，曾在美国曼哈顿计划中担任物理学家，他战后转向生物学领域，曾是伦敦国王学院生物物理学小组的成员；

罗莎琳德·富兰克林（Rosalind Franklin），利用X射线破译分子结构的专家，为人自信，有时对别人不耐烦，她于1951年加入了国王学院威尔金斯的小组。

以上每一个"玩家"都掌握着一些重要的线索，他们可能会独自解开谜团，或者通过合作获得更大的成功机会。但这4个人之间并没有合作过：鲍林和查戈夫第一次见面时，鲍林就对查戈夫没什么好印象，一直躲着他；而威尔金斯曾相信自己会与富兰克林合作，但强烈的个性冲突使他们分道扬镳。最终，DNA结构被最不可能成功的侦探破译了，这两个人几乎没有任何资历，甚至一度被禁止"追查此案"，他们是沃森博士和克里克先生。

詹姆斯·沃森（James Watson）盛气凌人，雄心勃勃，他22岁时就获得了动物学博士学位，曾去欧洲寻求破解DNA所需的线索。

弗朗西斯·克里克（Francis Crick）十分健谈，擅长理论和数学，他最初学习的是物理学，战后转向生物学。1951年，他还是剑桥大学的研究生（35岁）。

有人可能会认为，像DNA结构这样重要的东西，肯定不止有6个人在研究。但说"搞清楚DNA结构很重要"在很大程度上是在事后诸葛亮，当时并没有人知道这个结构本身将在很大程度上揭示遗传机制。此外，即使在奥斯瓦尔德·艾弗里发现转化因子（第4章）的几年后，人们仍然对DNA是否就是遗传的化学基础充满怀疑。查戈夫选择了相信，他实际是被艾弗里的研究说服的，于是将实验室的研究方向从脂肪和蛋白质转向DNA。但鲍林不那么肯定，他认为具有多样化结构和功能的蛋白质应该在遗传中发挥作用。此外，大多数对基因和遗传非常感兴趣的科学家并没有接受过结构生物学的培训，也不具备相关的专业知识。

例如，沃森本人就是他们中的一员。

进入游戏

没有人比沃森更相信DNA的重要性。他坚信，谁能破解DNA结构，谁就能获得诺贝尔奖。但沃森对化学知之甚少，他在芝加哥大学（1943—1947年）读本科时就避开了这门课。他对鸟类更感兴趣，并梦想有朝一日成为纽约自然博物馆的鸟类馆馆长。然而，他在一堂遗传学课上看到了艾弗里的工作，并因此读了埃尔温·薛定谔（Erwin Schrödinger）的著作《生命是什么？》（1944年）。

薛定谔是一位著名的物理学家（1933年获得诺贝尔物理学奖）。在这部著作中，他探讨了非生命物质与生命物质之间的区别，并特别关注遗传的奥秘。在艾弗里发现转化因子之前，薛定谔推断某些"非周期性晶体"中的三维排列结构可以解释遗传的两个主要特性：一个是生命的稳定性，保证将自己的遗传信息一代代地传递下去；另一个是生命的突变性，即生命随时间进化的能力。这是他从物理学角度对遗传物质强大功能的解释。

沃森的研究动力是"找出基因的秘密"。在被哈佛大学和加州理工学院的研究生院拒绝后，19岁的沃森来到了印第安纳大学，他在这里学到了很多遗传学知识，但没怎么学习化学。在完成扎实但并不出色的博士课题后，沃森的导师建议他去欧洲，特别是丹麦，接受核酸生物化学方面的培训，这正是他想要的。1950年9月，沃森启程前往哥本哈根。

沃森在哥本哈根学到的第一件也是最重要的一件事情是，他发现他在一个错误的时间来到了一个错误的地点。沃森没能在这里学到他需要的知识。他的导师因即将离婚而心烦意乱，放任沃森自生自灭。在毫无建树的几个月后，沃森的导师提议让沃森在春天和他一起去那不勒斯的动物站。在那里，沃森大部分时间都在享受阳光，在街上漫步或者阅读文章。

沃森并不是唯一一个想在阳光下享受时间的科学家。那年春天，莫里斯·威尔金斯去那不勒斯参加了一个生物分子结构的会议。这是他老板的安排，因为老板本人在伦敦无法亲自前往，所以请威尔金斯替他去。沃森也参加了会议，试图在会议演讲中找到一些启发。他没有听到任何有启示性或鼓舞人心的内容，直到威尔金斯走上讲台。威尔金斯分享的是他和他的学生雷蒙德·高斯林（Raymond Gosling）为制作DNA的X射线衍射图像所做的努力。

在这种技术中，一束狭窄的X射线被聚焦在包含有规则的原子阵列的分子晶体或纤维上。原子根据其标识和位置在分子中将X射线衍射到不同的方向上，通过对底片上产生的衍射图样进行分析可以揭示分子的详细结构。威尔金斯发现，纯化后的DNA可以被拉成非常细的线状纤维，其中包含很多分子。在演讲接近尾声时，威尔金斯展示了一张X射线衍射图，照片中的DNA纤维似乎包含了很多细节。

沃森激动不已。在那之前，沃森一直担心DNA可能是一种不规则的结构，很难甚至无法破译。但照片中的特征表明，DNA是规则的重复结构，是可以被破解的。沃森和他的导师从来没有想过他还需要学习X射线晶体学。为了沿着这个路径研究DNA，他必须离开哥本哈根，开始新的行动。

沃森对各种选择进行了一番评估。他想在那不勒斯就向威尔金斯询问是否可以和他一起去伦敦，但还没来得及提出这个问题，威尔金斯就已经走了。在沃森回到哥本哈根后不久，莱纳斯·鲍林发表了一系列关于蛋白质结构的论文。加州理工学院肯定是一个学习晶体学的好地方，但沃森不确定鲍林是否愿意在一个没有受过多少训练的人身上花费时间。另一个晶体学学术中心在英国剑桥，沃森的研究生导师为他做了引荐，这位对学习晶体学充满热情的年轻人愉快地离开了丹麦。

剑桥大学

沃森加入了马克斯·佩鲁茨（Max Perutz）的"生物系统的分子结构研究小组"，在这里他遇到了许多从事生物分子结构的研究人员，他们主要研究蛋白质。35岁的研究生弗朗西斯·克里克也在其中。克里克最初攻读的是物理学博士学位，却因战争被迫中断，当时他被招入海军部，花了7年时间设计磁性和声波水雷。当时他建造的装置所在的建筑被空投水雷直接击毁，他未完成的博士课题也成了战争的牺牲品。也许应该说这是一场仁慈的结束：克里克的研究项目是在不同条件下测量水的黏度，他觉得这是他"可以想象到的最无聊的问题"。

战后，克里克也因为阅读薛定谔的小册子而对生物学产生了兴趣。他被其中的论点所说服，即生命与非生命物质一样，也必须遵循物理和化学定律。他希望自己在物理方面的背景能为他研究生物分子提供一些基础。克里克于1947年进入剑桥大学，1951年10月遇到当时只有23岁的沃森时，克里克仍未获得博士学位。

沃森和克里克一见如故。两人都喜欢聊天，他们经常趁着茶歇、喝咖啡休息时间，或是在附近的老鹰酒吧吃午饭时，一起聊上几个小时。沃森将克里克视为伙伴，克里克不仅认为DNA比蛋白质更重要，而且还可以指导沃森解释晶体X射线数据。克里克将沃森视为搭档，一个了解遗传学最新研究成果的搭档。他们热烈的讨论让人无法忽视，克里克总是笑得很大声，比实验室和大楼里的任何人的声音都更大。这对搭档很快被分配了自己的办公室。

尽管克里克的课题是研究蛋白质，但他和沃森很快决定一起研究DNA的结构。他们一致认为，仅靠盯着X射线衍射图是解决不了问题的。鲍林对蛋白质结构的研究给他们留下了深刻的印象，鲍林的研究方法包括建立一个类似积木玩具的模型，并利用化学规则来确定哪些原子相邻。他们决定也采取这种方法，并决定寻找与现有数据相符的最简单结构。他们希望DNA是某种螺旋结构，就像鲍林在蛋白质中发现的那样。在排除简单的结构之前，为其结构是否会过于复杂而担心是没有意义的。

当时人们已经知道了不少关于DNA化学结构的重要的细节。就在两年前，剑桥大学的化学家已经确定，这种聚合物的骨架由磷酸基和糖基（脱氧核糖）交替组成，上面附着腺嘌呤、鸟嘌呤、胞嘧啶和胸腺嘧啶。这种聚合物是被称为核苷酸的较小单元组成的长链，由连接糖和磷酸基团的碱基组成。

沃森和克里克认为核苷酸的排列顺序应该是不规律的。如果它们顺序是相同的，那么所有的DNA分子也都将是相同的，就无法携带特定的基因或物种信息。但除了这种不规则的排列顺序，DNA还有着一些规则的结构，就像X衍射照片中显示的那样。

DNA的链数是众多谜团之一。威尔金斯告诉克里克，DNA分子的直径比一条DNA链的直径要粗，因此DNA可能有2条、3条，甚至4条链。无论如何，肯定有某种化学键将这些DNA链连接在了一起。但目前还不清楚这些化学键是带负电荷的磷酸盐基团的离子键，还是较弱的氢键，也不知道碱基或糖-磷酸的骨架是在链内还是链外。

有太多的可能性有待科学家逐一确认。为了缩小范围，沃森和克里克需要得到清晰的衍射照片。尽管请求查看威尔金斯的数据可能会有潜在的优先权纷争，他们还是决定联系威尔金斯，而不是自已拍摄，因为那可能需要几个月的时间才能成功。不过克里克和威尔金斯已经是多年的朋友了，威尔金斯欣然同意从伦敦乘短途火车到剑桥大学进行研究。

威尔金斯和他们一样猜测DNA是由3条链组成的，但他并不像沃森和克里克那样热衷于建立模型。威尔金斯认为他们需要更多更清晰的DNA图片。他向沃森和克里克坦言，他和当年年初加入团队的罗莎琳德·富兰克林合作得并不愉快。他们两人性格截然相反。威尔金斯沉默寡言，说话时习惯把视线从别人身上移开，避免与人发生冲突；富兰克林则直截了当，有时甚至有些唐突，喜欢在辩论中交换意见。经过评估，富兰克林拒绝和威尔金斯继续合作，尽管威尔金斯已经把那些质量最好的DNA都让给了她。雷蒙德·高斯林成了富兰克林的学生，她还告诉威尔金斯他不需要再继续拍摄DNA的X射线衍射图了。

也就是说，如果沃森和克里克想要更精细的DNA图片，就得去找富兰克林。威尔金斯告诉他们，富兰克林计划在几周内就她的工作举办一次研讨会，并邀请沃森参加。沃森在剑桥大学只待了几个星期，需要抓紧补习一下晶体学知识，这样才不会听不懂富兰克林的工作内容。

沃森要解开谜题的关键线索在于要确定DNA是否真的是螺旋结构。富兰克林的X射线图片比威尔金斯的更清晰，但她并没有对此给出明确的解释。后来，当富兰克林努力解释所谓的A型DNA[1]（结晶

---

1 A型DNA指的是由反向的两条多核苷酸链组成的一种右手双螺旋构型DNA。碱基平面与双螺旋轴倾斜约20°。

态DNA）时，却对螺旋结构产生了怀疑。她确实谈到了自己是如何研究两种形态的DNA的，一种是她主要研究的结晶态DNA；另一种是威尔金斯主要的研究对象，次晶态的DNA（B型DNA）。富兰克林仔细测量了每种DNA的含水量，发现通过改变环境的湿度，DNA可以在两种形态间相互转变。但这就是沃森获得的所有信息。富兰克林显然认为在X射线晶体学上继续发力是解开谜团的关键，并没有像沃森和克里克计划的那样建造任何模型。

第二天，克里克向沃森询问了研讨会的细节。沃森和以往一样没有做任何笔记。这让克里克很恼火，因为沃森没有记住DNA确切的含水量，这会影响水分子在模型中的位置。尽管如此，克里克还是开始在草稿纸上涂涂画画，并表示只有少数几种结构与沃森回忆的含水量相符。克里克很有信心，认为他们也许最快一周左右就能提出一个模型。

日子一天天地过去，问题一个一个地解决。两个人面对的第一个问题是糖-磷酸链的位置，他们决定将其放在分子内部。这样一来，不同大小的碱基就会朝外，更容易融入结构中。然后，他们又努力研究能将链连接在一起的物质。最终，他们想到了镁离子可以在链之间架起磷酸基团的桥梁（尽管他们没有关于样品中存在哪些离子的数据）。但DNA有多少条链呢？他们确定，3条缠绕在一起的链最符合威尔金斯和富兰克林的X射线测量结果。

短短几天，他们就提出了一个模型，这个消息很快传遍了整个大楼。他们需要进行关键的测试来看它与富兰克林的数据是否吻合。克里克邀请威尔金斯来剑桥看看，威尔金斯答应第二天来，并告诉克里克富兰克林会和他一起来。

　　克里克主持了这场讨论，但在他发言时，富兰克林很快就不耐烦了。她对克里克的解释不以为然，坚决认为没有足够的证据证明DNA是螺旋的。接着，她迅速否定了模型中的镁离子，指出它们会被水分子包围，并无法形成紧密的结构。更糟糕的是，沃森没有记住正确的含水量，他估计的数值与实际相差了24倍。他和克里克都知道，如果像富兰克林所说的那样，DNA分子的含水量更高，那么可能的结构数量会激增。

　　他们的这次"进展"是一条死胡同。

　　剑桥大学的后起之秀闯入了伦敦国王学院的地盘，还一败涂地，后果不只是几人的尴尬那么简单。克里克和沃森的领导认为，不值得冒着风险让两个政府支持的研究单位之间的紧张关系升级。上面很快传来消息，要求沃森和克里克放弃对DNA的研究，将其交还给伦敦的晶体学家。

　　看起来，他们的探索几乎刚一开始就要结束了。

旁观者

　　他们对禁令提出上诉，但无济于事。克里克强烈的个性让研究部门的一些人很不爽，而且他还没有拿到博士学位。对他来说，低调行事，继续研究他关于血红蛋白结构的课题，才是明智的做法。沃森在剑桥大学还没待满两个月就在"三螺旋事件"中惨败，他需要在解决结构问题方面获得更扎实的基础。他开始研究一种植物病毒的结构。在接下来一年（1952年）的大部分时间里，两人基本都在研究其他结构。

　　富兰克林则继续潜心研究DNA的其他形式，并努力拍摄更清晰的照片。然而，她发现在伦敦国王学院的工作压力越来越大，于是开始在其他地方寻找新的职位。她和威尔金斯的关系也依旧紧张。

　　沃森和克里克仍旧完全没有搞定DNA的结构。很多人相信，鲍林迟早会把注意力从他在蛋白质方面的成功转向DNA。沃森和克里克得知，这位伟大的化学家计划于1952年5月来伦敦参加一个会议，也许还会拜访国王学院的晶体学家。两人急切地想知道鲍林是否真的在研究DNA。但直到最后一刻，鲍林也没有出现。

　　正如英国的会议主办方所了解到的那样，鲍林与美国国务院产生了一些分歧。鲍林对核武器的迅速扩散感到震惊，对美苏之间的军备竞赛进行了公开批评，想利用自己的声望敦促美苏两国进行谈判，以限制核武器的威力、扩散和试验。美国政府认为鲍林对共产主义过于有同情心，并拒绝给他发放护照，不让他参加伦敦会议。

　　这在国际上引起轩然大波。鲍林在战争中做出了令人钦佩的贡献，甚至得到了杜鲁门总统的赞扬。剥夺他与同行分享其领先世界的成果的机会是可耻的。这也意味着鲍林没有机会去拜访富兰克林并了解她的最新进展，那时富兰克林已经获得了一些更清晰的DNA衍射照片。

　　不久之后，沃森和克里克得知，游戏中的另一个重要人物将会来到剑桥大学。埃尔文·查戈夫发表了一系列关于DNA组成的论文。在那之前，人们认为DNA是四种碱基的重复序列（ACGTACGT……），但通过化学分离和测量碱基，查戈夫发现

DNA中四种碱基的比例不是1：1：1：1，不同物种的DNA中碱基比例也是不同的。此外，他还发现，腺嘌呤与胸腺嘧啶的数量比以及胞嘧啶与鸟嘌呤的数量比都分别约为1：1。当他与沃森和克里克在剑桥大学的一个餐厅里一起吃午饭时，沃森已经读过了查戈夫的论文，但克里克没有。

这次见面并不顺利。查戈夫并没有被这两人打动，相反，让他印象深刻的是"他们的极端无知"。查戈夫发现克里克对他的化学分析结果一无所知。

"嗯，当然，有1：1的比例。"查戈夫说。

"那是什么？"克里克回应。

"好吧，其实都是已经发表的文章中的内容。"查戈夫说，并继续解释比例关系。在讨论过程中，他发现克里克甚至不知道四种不同碱基的化学结构。

查戈夫后来说："我从来没有遇到过这么无知但却又雄心勃勃的两个人。"这次见面加深了查戈夫对"典型的英国知识分子，只会空谈，不干实事"的印象。

查戈夫没有对1：1的比例给出解释。然而，克里克却福至心灵，他立即想到，如果结构中的碱基存在某种互补配对，那么碱基之间就会有1：1的比例。随后，克里克试图通过将结构堆叠在一起来弄清碱基是如何配对的，但是他没能解决这个问题，于是又退回到他的蛋白质研究中。

虽然此时未能正式开展关于DNA的研究，但克里克和沃森从未忘记这个话题。夏天，克里克在剑桥大学的一个会议上遇到了罗莎琳德·富兰克林。富兰克林在茶歇时跟克里克说，她相信威尔金

斯拍摄的DNA形式（即后来人们所熟知的A型DNA）不是螺旋结构
的。她认为这可能是"高湿度"或B型DNA的展开版本，她确信B型
DNA是螺旋结构的，但没有花太多时间对其进行分析。克里克不太
赞同她的观点，并提出她正在研究的A型DNA可能是实验性的异常
状态，应该忽略它们。然而，富兰克林继续将时间花在了用棒状、
片状，甚至8字形的DNA来解释A型DNA的结构上。

　　鲍林终于在那个夏天拿到了护照，来到了欧洲。这给了沃森去
了解他是否真的在研究DNA的机会。鲍林没有表现出对DNA的兴
趣，但沃森从鲍林的妻子那里得知，他们的儿子彼得将加入他们在
剑桥大学的研究小组。彼得被分配的办公桌在沃森和克里克之间。
沃森和克里克两个人都很愿意和彼得共处，并希望能借此掌控鲍林
位于加州的实验室中的任何进展。

　　就在圣诞节前，他们的希望和忧思都变成了现实。彼得收到了
一封来自家中的信，鲍林在信中提到他已经发现了DNA结构，但没
有给出更多的细节。沃森和克里克的心都沉了下去。他们把这个消
息告诉了领导。鲍林之前已经赢得了蛋白质结构游戏的胜利，现在
看来，这位杰出的美国人又在DNA方面复制了这一壮举。

回到游戏中

　　等待是痛苦的。几个星期过去了，再也没有来自加州的消息，
直到1953年1月底的一天，彼得带来了他父亲提交的手稿副本。鲍林
宣布该DNA是三螺旋结构，中心是糖-磷酸骨架。沃森很惊讶，因为
这听起来很像他们一年前提出并已经放弃的结构。也许他们最初是

对的？他从彼得那里抢过手稿，开始阅读。

　　沃森越读越不对劲。他仔细研究了插图，发现磷酸基团并没有离子化，而是与氢原子结合在一起。这与沃森自己对核酸的认识相反。事实上，没有净电荷的DNA根本就无法构成一种"酸"。无可争议，鲍林确实是世界上的最伟大的化学家，然而他也犯了大错。沃森想："我们还没出局。"

　　克里克把鲍林错了的消息告诉了研究小组的领导，并告诉他们鲍林肯定会继续坚持研究DNA结构，直到获得正确的答案为止。两天后沃森去了伦敦，把鲍林犯错的消息告诉了威尔金斯。

　　威尔金斯正在忙，于是沃森沿着走廊去了富兰克林的实验室。他试图向她展示手稿和鲍林的错误之处。富兰克林立即对螺旋结构提出了反对意见，她认为没有证据表明DNA是螺旋结构。沃森反驳说螺旋是最简单的结构，她对螺旋结构的否定是错误的。富兰克林被激怒了，沃森正准备离开，威尔金斯又恰好在此时出现。富兰克林转过身去，关上了实验室门。

　　威尔金斯向沃森透露，富兰克林很快就会离开国王学院，而且她已经开始分享她的数据，准备把工作移交给威尔金斯。就在几天前，富兰克林的学生（也是威尔金斯的前学生）雷蒙德·高斯林给了他一张B型DNA的相当清晰的X衍射图片，是富兰克林和高斯林在1952年5月拍摄的。沃森想要知道图像的样子，威尔金斯拿出了一张编号为B51的照片。

　　沃森不知不觉张大了嘴巴。这张照片中的图像比A型DNA的图像更简单，中间有一个清晰的十字图案，这是螺旋结构的显著特征。晚餐时，沃森告诉威尔金斯鲍林已经重返赛场，试图敦促威尔

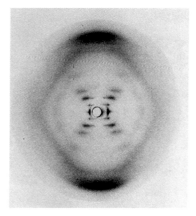

图4.1 编号为B51的X衍射照片

金斯重新参与研究。威尔金斯没有被说服，他想等到富兰克林离开这个实验室之后再开始行动。在去往剑桥的火车上，沃森试图尽可能多地将他所记得的X衍射图像画出来。他决心重新开始制作模型。

第二天，沃森找到了剑桥大学小组的负责人，告诉他们关于这张图片和威尔金斯不打算继续研究DNA结构的消息。对于所有人来说，答案似乎比以往任何时候都近在咫尺，英国人可能会再次输给鲍林。这一次，他没有受到限制，反而被鼓励继续关于DNA结构的研究并构建其模型。

双螺旋

沃森和克里克讲了他从照片及威尔金斯那里收集到的关于B型DNA的丰富的信息。照片上方和下方的黑斑是由X射线衍射产生的。已知DNA样品离X射线源和胶片的距离和方向，可以计算出碱基之间的距离为3.4埃（1埃=1000万分之一毫米）。组成十字图案的斑点揭示，在螺旋的每一个回转中，十个碱基一个接一个地堆叠在一起。从交叉图案外部的菱形空白区域，则可以推断出磷酸盐骨架位于螺旋的外侧。

但是他们仍然无法确认长链的数量。解决问题的线索是在一份报告中发现的，富兰克林在该报告中总结了她前一年为支持她的英国资助机构所做的工作。这份报告在各研究单位之间传阅，剑桥小组的负责人佩鲁茨（Perutz）因此也收到了一份副本。克里克和沃森想看一眼，因为这份报告并不是什么机密文件，所以佩鲁茨把报告分享给了他们。克里克很快发现了一个关键的数据点，富兰克林没有意识到它的重要性：DNA的结构具有一个双重对称轴，这意味着两条链是反向平行的[1]，而不是平行的。

　　DNA的整体结构已具雏形，但尚不清楚长链如何结合在一起以及碱基是如何嵌入螺旋结构的。其中一个问题是腺嘌呤和鸟嘌呤是巨大的双环分子，而胞嘧啶和胸腺嘧啶是单环分子。沃森开始探索碱基的位置。在研究教科书中每个碱基的化学成分时，他意识到这些碱基之间可以形成氢键（以端对端的方式，而不是像克里克之前尝试的那样通过堆叠的方式）。例如，一条链上的腺嘌呤与相邻链上的腺嘌呤残基之间可以形成两个氢键……沃森开始想象两条完全相同的DNA链是如何以这种方式结合在一起的。他独自工作到深夜，他的脉搏开始加速……也许一条链可以作为另一条链合成的模板？这将是一个吸引人的，甚至是美丽的模型。最终，沃森开心地睡着了。

　　但他的模型甚至没有"活到"第二天的午餐时间。当沃森向剑桥小组中的另一位美国人杰里·多诺霍（Jerry Donohue）描述他的模型时，多诺霍指出沃森从教科书中找到的碱基的化学式是错误的，它们不能像沃森想象的那样与自身形成氢键。克里克进一步打

1　反向平行指的是DNA双链的两条链在空间中相对方向相反。

击了沃森，指出他的方案无法解释查戈夫的1∶1比例（腺嘌呤数量=胸腺嘧啶数量，胞嘧啶数量=鸟嘌呤数量）。沃森不得不回到起点，实际上是回到硬纸板上：沃森花了一下午的时间制作了四个碱基的硬纸板模型。

第二天是星期六，沃森一大早就第一个到达办公室。他清理出一个台面，开始将碱基以各种组合方式进行排列。突然，他意识到由两个氢键连接在一起的腺嘌呤–胸腺嘧啶对和至少两个氢键连接在一起的胞嘧啶–鸟嘌呤对具有相同的形状。他打电话给杰里·多诺霍，叫他来检查自己的化学形式。多诺霍没有发现问题，沃森欣喜若狂。

沃森意识到他同时解决了三个问题：碱基对可以很好地排列在一起，而不会扭曲螺旋的内部；氢键会将螺旋的两条链连接在一起；碱基对也解释了查戈夫的比例问题。此外，配对规则还给出了DNA的复制方法，因为每条链都与另一条链互补。

克里克刚一到办公室，还没来得及进门时，沃森就迫不及待地与他分享了答案。两人在老鹰酒吧共进庆祝午餐，克里克告诉大家，他们找到了"生命的秘密"。

分享新闻

接下来的两周里，沃森和克里克组装了DNA双螺旋的物理模型。他们邀请威尔金斯和富兰克林来看。威尔金斯先到，他马上就喜欢上了这个模型，并没有对剑桥大学二人组首先解决结构问题表示出一丝嫉妒或遗憾。

几周后，富兰克林也来到了剑桥大学。沃森和克里克不知道的是，当他们忙着修补模型时，富兰克林也在破译B型DNA的X衍射图片方面取得了相当大的进展。她已经得出了B型DNA是一个有两条链的螺旋，外面是磷酸盐骨架的结论，但她没有破译反向平行排列和碱基配对规则。考虑到之前两次见面的紧张气氛，富兰克林第一次看到他们的模型时，沃森有些担心。但令他惊讶的是，富兰克林立即接受了这个模型。当富兰克林、沃森和克里克讨论模型的细节和她的晶体学数据时，他们之间的紧张关系似乎消失了。

富兰克林后来告诉雷蒙德·高斯林："我们都站在彼此的肩膀上。"

查戈夫对此毫不知情。在这一突破性的发现之后，剑桥大学的一名资深科学家收到了查戈夫的一张便条，向他询问那些"科学小丑"在搞什么鬼。

1953年4月25日《自然》刊登了三篇论文，第一篇是沃森和克里克的，第二篇是威尔金斯和他的合作者的，第三篇是富兰克林和高斯林的。沃森和克里克在他们的文章中指出："我们注意到，我们假设的特定配对机制暗示了一种可能的遗传物质的复制机制。"紧接着，五周后他们发表了第二篇论文，具体阐述了螺旋链是如何分离并作为复制的模板的。

1962年，沃森、克里克和威尔金斯因破解DNA结构谜题被授予诺贝尔生理学或医学奖。富兰克林的晶体学研究使该突破成为可能，但不幸的是，她于1958年前因癌症去世，享年37岁，无法获得该奖项。

第6章　改变基因，改变生命

> 一个人能做的事很少，但众人一起，我们能做的事很多。
>
> ——海伦·凯勒

在中世纪亚瑟王的传说中，兰斯洛特是圆桌骑士中最英俊、最勇敢的一个，他和亚瑟王一起完成了史诗般的任务，找到了拥有神奇力量的圣杯。

在遗传学的史册中，也有一位寻找现代医学的"圣杯"的兰斯洛特，在基因疗法及遗传疾病治疗中扮演着英雄般的角色。不过，虽然这位兰斯洛特同样称得上外貌英俊，其血统也可追溯至中世纪，却是一只牧羊犬。

兰斯洛特4个月大时就创造了历史，当时它和它的两个兄弟姐妹（亚瑟王和吉妮维尔）接受了遗传性失明的治疗。兰斯洛特是一只博瑞犬，这个品种的狗中有一些犬只会携带一种隐性突变，当两个隐性基因遗传到一只狗身上时，会导致早期严重的视力损失以及视网膜的缓慢退化。受到这种影响的小狗经常撞到东西，它们只能躲在房间的角落里，避免四处走动。兰斯洛特甚至找不到它的水碗。

2000年7月25日，费城郊外新博尔顿，兰斯洛特在位于宾夕法尼亚大学的家中准备进行手术。它接受了麻醉和密切监测，小儿眼科医生艾伯特·马奎尔（Albert Maguire）将几滴液体（150—200微升，相当于一粒豌豆的体积）注射到它右眼视网膜下方，未接受治疗的左眼将作为实验对照组。这些液体中含有约400亿份特别设计的病毒，其中插入了一个功能性的突变基因。几周后，吉妮维尔和亚瑟王也接受了同样的治疗。

这是一个庞大的实验团队，有很多研究人员参与其中。他们都希望这种病毒能够将其负载的基因传递到足够多的犬视网膜细胞中，也希望这种基因能够很好地发挥作用，以便他们可以在几个月内测量出狗眼睛中的某些变化，当然，他们同样希望这不会产生任何负面影响。出于安全考虑，监管部门已经在全国范围内叫停了对人类进行基因治疗的实验。事实上，曾经充满希望的基因疗法正在遭受巨大的质疑。

在接受治疗的几周后，一位照顾这些狗的动物技术员打电话给宾夕法尼亚大学眼科教授兼研究小组组长琼·贝内特（Jean Bennett）。技术员说：“琼，我们进入控制室的时候，小狗在看着我们。它们之前只是呆呆地望着某一个地方，但现在会随着我们来回走动而转头！”

贝内特迅速前往狗舍亲自去看这些小狗。这些小狗的变化是很显著的。它们眼中不再是空洞无神的目光了，而是明确地观看四周并跑来跑去。很快，测试显示小狗已经恢复了躲避物体的能力，甚至还能接住东西，接受治疗的眼睛的瞳孔已经可以对光线做出反应。

贝内特欣喜若狂。实验的成功远远超出了任何人的预料。她想："哇，我们可以让失明的小狗看见东西。如果能让盲童也能看到东西该有多么不可思议！"

治愈人类是贝内特的下一个目标。事实上，这正是贝内特和马奎尔已经进行了近20年的探索。勇敢的兰斯洛特将在他们最终的胜利中扮演着重要角色。

伙伴

从1982年在医学院读书的第一周起，贝内特和马奎尔就成了搭档。

那时贝内特就具备很多生物学知识了，她已经在加州大学伯克利分校获得动物学博士学位，她也知道自己想成为什么样的医生。获得博士学位后，在研究哺乳动物早期发育时，她参观了美国国立卫生研究院（NIH）的弗伦奇·安德森（French Anderson）[1]实验室。安德森热衷于利用克隆和哺乳动物基因表达的能力，并试图通过"基因疗法"来治疗人类的遗传疾病。贝内特对这个想法感到非常兴奋，认为这就是她想做的研究。问题是，她只研究过海胆和老鼠，因此她问了安德森许多问题。

"我怎样才能成为基因治疗师？"她问道。

1　威廉·弗伦奇·安德森（William French Anderson），美国医学家、遗传学家、基因疗法的先驱者。

"这很简单。只需去哈佛大学医学院学习一下有关这些疾病的知识，然后再回到实验室。"哈佛大学毕业的安德森回答道。

对，申请哈佛医学院就行了。还有什么比这更"简单"呢？

贝内特依言申请了哈佛医学院……而且她居然成功了！

在神经解剖学课上，每两个学生会被分配一个捐赠的大脑进行解剖。她和马奎尔碰巧成为实验室搭档，贝内特对大脑了解得不多，但马奎尔在本科时就学习过神经科学，他想成为一名脑外科医生。

两人相处得十分融洽，这对实验室搭档在医学院读三年级时结婚了。

在哈佛学习时，他们经常讨论基因治疗的前景和挑战。贝内特向马奎尔介绍了基因治疗的基本概念，她解释说，将功能性基因引入人体是世界各地实验室所进行的研究的延伸。在1981—1982年，他们进入哈佛大学之前，科学家就已经在果蝇和小鼠身上实现了这项技术。现在的问题在于如何将这些成果用在人类身上。

马奎尔认为将基因治疗进一步用于人类将是一个巨大的飞跃。他是对的。数百种不同基因的突变会导致各种疾病，但当时除了导致镰状细胞性贫血的球蛋白基因突变外，尚未发现其他任何特定的人类基因突变。此外，当时也还没有技术可以将基因导入人体细胞，更不用说将基因导入特定器官和组织了，而且这些技术最终的安全性和有效性也还都需要时间的检验。

在医学院的第二年，作为轮流实习的一部分，马奎尔与一位视网膜变性[1]方面的专家共同工作了一段时间。这段经历促使马奎尔问贝内特："你认为我们可以用基因疗法来治疗视网膜色素变性吗？"那是一种会导致失明的眼部疾病。

"当然！" 贝内特回答道。一向乐观的她当时没有告诉马奎尔，自己对视网膜色素变性和其他眼病的相关基因一无所知。

对这两位医学生来说，治疗眼疾的想法是一个转折点。眼睛是基因治疗的优质目标，因为它比内脏器官更容易接触到。此外，它是已知的免疫赦免器官，也就是说，即使有外来物质进入眼睛，也不会引起破坏性的免疫反应。而且，更具吸引力的是每个人都有两只眼睛，所以在实验中，另一只眼睛就可以作为完美的对照组。

马奎尔决定放弃神经外科，转而接受视网膜外科医生的培训。贝内特决定推迟临床学习，专注于如何将基因植入眼睛并在其中表达的研究。在他们的第一个孩子出生后，这对夫妇双双获得了医学学位，随后离开波士顿继续深造。

寻找疾病疗法

对贝内特和其他考虑治疗某些疾病的人来说，基因治疗的基本要素是明确的。其中需要：（1）能纠正特定疾病的基因已被克隆；（2）将该基因植入适当的器官（如肺、视网膜）或细胞的方法；（3）使这些细胞中的基因保持活性的方法。然而，在贝内特于1986

1　视网膜变性（retinal degeneration），属于视锥、视杆营养不良，是一组遗传病，以夜盲、视野缩小、眼底骨细胞样色素沉着和光感受器功能不良为特征。

年从哈佛大学毕业时，几乎还不具备任何这些治疗人类疾病的基本要素。事实上，人们也不知道哪种人类疾病最有希望通过基因疗法得到治疗。贝内特认为，在解决治疗人类的细节问题之前，必要且明智的做法是，先谨慎地在实验室里的实验动物身上进行试验。

她潜心寻找适合的动物模型。在发育生物学方面的经验使她成为改造小鼠基因的专家。当马奎尔先后在耶鲁大学、密歇根大学和约翰·霍普金斯大学的眼科和外科实习时，贝内特与几位研究人员合作，识别出了在小鼠眼中所需要激活的那部分基因。

与此同时，人类遗传学迅速发展。1989 年，囊性纤维化的基因被确定，这是白种人最常见的遗传性疾病之一。由于这种疾病很常见，又有致命威胁，囊性纤维化成了基因治疗的首选研究对象。

但是，将基因导入体内的某个器官是一个特别具有挑战性的问题。例如，要如何特异性地瞄准囊性纤维化患者的肺部呢？此外，肺是比较大的器官，要如何将功能性基因送入足够多的细胞中以减轻疾病症状？

为了解决内脏器官无法接近的问题，可行的策略之一是利用血细胞。血细胞可以从体内抽出，在实验室中进行培养，然后再输回病人体内。1990 年，美国国立卫生研究院的威廉·弗伦奇·安德森及其同事采用这种方法，首次尝试在人类身上进行基因治疗。他们治疗的是一种非常罕见的重度联合免疫缺陷病（SCID）[1]，这种病的

1　重度联合免疫缺陷病（severe combined immunodeficiency disease, SCID）是一种胸腺、淋巴组织发育不全及免疫球蛋白缺乏的遗传性疾病，机体不能产生体液免疫和细胞免疫应答，通常系T细胞缺陷所致。

患者的T淋巴细胞和B淋巴细胞数量会大幅减少，因此很容易受到各种感染。这种疾病是由腺苷脱氨酶（ADA）基因缺陷引起的，ADA基因编码一种负责从细胞中去除脱氧腺苷的酶。脱氧腺苷对未成熟的淋巴细胞毒性特别大。

该疾病的标准治疗方法是反复给患者注射一种从牛身上获得的长效酶。安德森和他的同事们都希望将ADA基因移植到淋巴细胞中可以让患者的免疫系统恢复功能，也许还能让患者不再需要注射酶治疗。为了移植该基因，研究人员将一种紧凑形式的人类基因（没有内含子）插入到一种能够潜入细胞DNA的逆转录病毒中。研究人员分别从两名4岁和9岁的儿童患者的血液中提取了T淋巴细胞，让其暴露在插有目的基因的逆转录病毒中，最后再将其输回患者体内。

在治疗效果还是未知数时，实验就吸引了大量媒体的关注。安德森告诉《纽约时报》："我们认为基因疗法可能是一种重要的新医疗选择。"他补充道，"对于任何一种新疗法来说，最重要的是开始尝试，而现在我们开始了。"

4岁的女孩是第一个接受治疗的，她的父亲说："自从大约一年前第一次听说基因疗法以来，我们一直非常兴奋，对它充满期待。我们原以为这一切要等到二十年后才会成为现实。"

他又补充道："最初我希望她能参与后期的实验。第一个人面临的风险也是最大的。但医生认为她是最好的选择，所以我们决定试一试。"

随着对这两个孩子的密切监测，人们对基因疗法前景的热情逐渐高涨。1992年，美国国立卫生研究院的研究人员宣布，他们使用了一种被称为腺病毒的普通感冒病毒，在大鼠的肺叶中引入了人类正常功能的囊性纤维化跨膜传导调节蛋白基因。《华盛顿邮报》上刊登了一篇关于这项研究的新闻，其标题为"囊性纤维化突破"。研究团队的负责人罗恩·克里斯特尔（Ron Crystal）说："毫无疑问，如果我们把它放进病人的肺里，现在就能治疗囊性纤维化。"

但克里斯特尔也指出，仍有工作亟待完成："我们现在必须得证明这种疗法是安全的。"研究小组计划在大鼠和猴子身上做进一步的实验，看看是否有不良反应。但他特别提出："我真的认为不会有任何问题。"克里斯特尔补充道，"虽然前进的道路上有一些障碍，但是这个领域的发展速度是很惊人的。我认为我们会治愈这种疾病。"

安德森进行的首个人类基因治疗实验的结果于1995年发表。一名患者的白细胞数量达到并维持在了正常水平，而另一名患者则没有。第一位病人的T细胞中几乎100%可以检测到被病毒改造过的痕迹，但是第二位病人的T细胞中只有大约1%的细胞融合了携带ADA基因的病毒。导致不同结果的原因尚不清楚，并且，由于在整个实验过程中，儿童都在持续接受注射酶治疗，对实验结果的解释变得更加复杂：将基因治疗的具体好处和标准治疗的具体好处完全区分开是不可能的。

尽管如此，人们依旧对基因治疗保持乐观态度。到20世纪90年代中期，世界各地都在进行大量的基因治疗实验。医学似乎马上将要迎来革命。

鼠非人

贝内特和马奎尔还没有准备好在人类身上进行任何尝试。1992年移居宾夕法尼亚后，他们试图在动物身上确立眼病的基因治疗原则。1996年，他们证明通过注射一种携带功能性基因的腺病毒，可以延缓由特定基因突变引起的小鼠视网膜退化。

但是他们很清楚老鼠与人类不同。相比之下，老鼠的眼睛要小得多，而且老鼠也不是非常依赖视觉的动物，它们更多地依靠嗅觉探索世界。贝内特和马奎尔一直在寻找更好的关于人类视觉和疾病的解剖和行为模型，并决定将狗作为下一步研究的对象。马奎尔致力于开发和完善外科手术技术，而贝内特则与合作者一起研究潜在的疾病模型，以及设计不同种类用于携带基因的病毒。

爱尔兰塞特犬的一种综合征似乎是有研究价值的。该品种携带一种突变基因，会导致一种被称作视杆-视锥细胞营养不良的疾病，与贝内特和马奎尔在小鼠身上治疗的视网膜退化类似。然而进一步的研究表明，视网膜会在非常早的时候就开始退化，早到似乎无法进行干预。他们需要重新寻找一种可能治愈的样本，或者更具体地说，需要到狗窝里去寻找。

幸运的是，贝内特的兽医同事格雷格·阿克兰（Greg Acland）和格斯·阿吉雷（Gus Aguirre）养着一群患有视网膜疾病的狗。他们和位于乌普萨拉的瑞典农业科学大学的克里斯汀娜·纳夫斯特伦（Kristina Narfstrom）刚刚一同发现了导致伯瑞犬失明的特定突变。重要的是，狗的这种被称为RPE65的相关基因和视网膜病理结果都与人类的莱伯先天性黑蒙症（Leber's congenital amaurosis）相似。

RPE65基因会编码一种对于产生顺式视黄醛（一种维生素A）至关重要的蛋白质，该形式的维生素A会与眼睛的光感受器细胞中的视蛋白结合以感光。当缺失RPE65蛋白时，对光的响应受损，视网膜就会随着时间的推移发生退化。随着RPE65基因的确定，病毒传递系统的验证，以及针对狗的手术技术的成功，这种疾病似乎成了一个非常优质的基因治疗模型。

但在实验开始之前，灾难降临了。

人非鼠

到20世纪90年代末，数百项基因治疗临床实验如火如荼地进行着，宾夕法尼亚大学医院是其中的一个重要中心。但几乎所有的研究都是I期实验。根据美国食品药品监督管理局（FDA）的药物审批程序，这些小规模的研究是为了测试特定实验性治疗的安全性。一旦安全性得到证实，将在II期和III期实验中通过接受治疗患者和未接受治疗患者的对照实验验证其有效性。

宾夕法尼亚大学进行的一项I期实验涉及一种非常严重且罕见的疾病，这种疾病是由鸟氨酸氨甲酰基转移酶（OTC）基因的突变引起的。这种基因缺陷会使人产生氨代谢障碍，可能导致脑损伤，甚至昏迷或死亡。这种酶通常活跃于肝脏中，因此研究人员试图通过将一种改造过的带有OTC基因的腺病毒直接注入肝脏主动脉，向患者肝脏传递功能性基因。

来自图森的18岁男子杰西·基辛格（Jesse Gelsinger）从医生那里听说了这一消息后，自愿参加了实验。他曾多次出现高氨血症，

1998年年底甚至还昏迷过一次。1999年9月13日，基辛格前往费城，成为第18个接受实验的人，也是第二个接受最高剂量病毒（超过38万亿粒子）的患者。

仅仅12小时后，基辛格就感到不适，高烧达40.2℃。之前的17名受试者在第一天也出现了类似症状。到了第二天早上，基辛格开始无法辨认方向，他的皮肤和眼白都变成了黄色，这是肝脏出现问题的征兆。他血液中的氨含量也攀升至正常水平的10倍左右。到了第三天早上，基辛格已经陷入昏迷，需要辅助呼吸。医生利用透析来去除基辛格体内的氨，但血液中已经出现了血栓，他的病情持续恶化。基辛格的家人匆匆赶到费城去陪他，然而，他的器官已经开始衰竭，医生和工作人员也无能为力。在开始治疗的98小时后，基辛格被宣告死亡。

这一悲剧在整个宾夕法尼亚大学医院和基因治疗领域引起了震动。基辛格的医生，也就是贝内特和马奎尔的同事，感到极度震惊和沮丧。他们不知道自己在哪里犯了错误，导致了这个年轻而勇敢的患者的逝去。

要找出问题所在需要花费数月时间。与此同时，作为一种预防措施，NIH暂停了所有的基因治疗实验。在此期间，调查人员不仅检查了基辛格的病例，还检查了其他实验的进行情况。由NIH、FDA和宾州法尼亚大学进行的调查揭示了这个领域的急于求成。在动物实验中有对注入病毒产生严重反应的记录，却没有引起大家足够的关注，也没有因此推迟人体实验。更糟糕的是，潜在的风险并没有被完全告知志愿者，包括基辛格。调查人员还发现，其他实验中存在的大量不良反应，包括死亡，都没有向监管机构报告。

杰西的父亲保罗·基辛格（Paul Gelsinger）在参议院小组委员会面前泪流满面地作证说，他儿子的死是"一场可以避免的悲剧，我也永远无法释怀"。人们一致认为，基因治疗的支持者过度夸大了其好处，并低估了风险。

随着政府机构制定新的指导方针，FDA叫停了宾夕法尼亚大学所有的基因治疗实验，整个领域的研究陷入停滞。一些杂志刊登了诸如"基因治疗已死"的头条。谁都无法确定什么时候，或者说是否还会重启人体实验。很明显，某些病毒载体必须得到修改或替换，并且在恢复人体实验之前，还需要进行更广泛的动物实验。

就在基因治疗的前景渺茫时，一只毛茸茸的牧羊犬登上了国家舞台。

兰斯洛特到达华盛顿

在基辛格的悲剧发生后，当局要求采取谨慎、按部就班的行动，这正是贝内特、马奎尔及其团队几年前所采取的方法。他们已经着手研究另一种叫作腺相关病毒（AAV）的病毒，这种病毒与腺病毒不同，不具有致病性。他们还发现AAV比腺病毒更能有效地靶向视网膜细胞。非常重要的是，他们已经证明AAV的基因转移效果可以持续数年，而且可以在不引发强烈免疫反应的情况下重新接种。

动物实验没有暂停。因此，在基辛格去世后的那个夏天，贝内特、马奎尔与其同伴在兰斯洛特、亚瑟王和吉妮维尔身上进行了第一次实验。他们让盲犬重见光明的巨大成功引起了媒体的极大关注，兰斯洛特也因此成了明星。

兰斯洛特于《早安美国》节目中首次亮相。基辛格事件之后，为了推动基因治疗获得资助，它去过三次国会。2001年5月，贝内特陪同兰斯洛特第一次出访，她在一场正式的午宴上发表了讲话。贝内特担心兰斯洛特会胆怯或害怕，但在她演讲并播放其接受基因治疗前后的影片时，它一动不动乖巧地坐着。一名国会议员的餐巾掉到了地上，人们注意到兰斯洛特用自己治疗过的眼睛盯着餐巾看。随后其他人也把餐巾扔到地上，让兰斯洛特展示其视觉能力。这只快乐的狗狗得到了立法者的青睐，他们把它收录到了官方的国会记录中，记录中这样写道："最近由国家眼科研究所资助的一项研究使兰斯洛特恢复了视力，这为先天性失明的孩子带来了希望。"

贝内特接到了大量渴望尝试这种疗法的患者和患者父母的电话。但在考虑进行人体实验之前，还有一些问题需要解决。其中最重要的是视力改善的持续时间和治疗的可重复性。研究小组在治疗了另外14条狗（共26只眼睛）后，发现仅一次治疗就可以显著恢复视力，并能保持长达3年的稳定性，这对狗来说是很长的一段时间。这一结果给治疗人类带来了希望。

改变基因，改变生命

2005年7月25日，也就是兰斯洛特接受治疗5年后的一天，贝内特的同事凯西·海伊（Kathy High）走进她的办公室，坐下来问道："琼，你想不想进行临床试验？"自基辛格事件以来，海伊努力在宾夕法尼亚大学组建了一个专家团队，他们可以生产临床级的AAV病毒、设计临床方案，并准备遵循监管机构要求的基因治疗实验文件。下一步就是进行实际实验，基于狗狗的数据，LCA2治疗是最有希望的候选方案。

贝内特十分激动。她和马奎尔投入了这项任务。这是第一个包括LCA2患儿的实验，与其他在费城、佛罗里达和伦敦患有LCA2的成人的I期实验同步进行。2007年10月，马奎尔治疗了三位成年患者中的第一位。在注射了这种基因改造病毒后的几周内，两位以前只能看到手势的患者开始能够看到视力表上面的几行内容。佛罗里达和伦敦的实验也取得了初步成功。

马奎尔和贝内特估计，儿童的病情改善情况可能会更好，因为这种疾病不会在他们稚嫩的眼睛中恶化得那么严重。2008年9月，艾尔医生（其儿科患者这样称呼他）治疗了第一个孩子，一个8岁的男孩，是规定允许的最小年龄的孩子。仅仅4天后，在费城动物园游玩时，这个小男孩因为在仰望天空时抱怨"天空真是太亮了"而把他的父母吓了一跳。

男孩的父母眼含热泪地给琼·贝内特打了个电话：基因疗法奏效了。他们的儿子很快就能第一次看到朋友们的脸、认识萤火虫、读教科书。

对贝内特和马奎尔来说，这段经历同样令人感动。贝内特后来回忆道：

> 就像见证了一个奇迹。能够看见一个孩子……因为看不见东西拄着盲人手杖进来，后来又看到那个孩子可以跑来跑去、骑着自行车、看书，做着普通孩子会做的事情。基因疗法改变了他们的人生。我觉得自己是世界上最幸运的人之一，能够有

幸目睹这一切。而这些人才是真正的先驱。

在I期实验中，12名患者的病情均有所改善。在II期实验中，同批12名患者接受了另一只眼睛的治疗。另外21名患者在III期实验中接受了治疗。2017年12月19日，自贝内特和马奎尔首次在医学院合作的35年后，美国FDA正式批准LCA2基因治疗，这是美国批准的第一个人类基因治疗。

第三部分

进化和生物多样性的起源

千百年来，各种文化背景的人类都在问："我从哪里来？"以及"生物是如何产生的？"为了回答这两个问题，人类创造了各种超自然的解释。直到1859年达尔文发表了《物种起源》，才对包括人类在内的生物的自然起源给出了一个令人信服的解释。这一革命性理论的形成或许是科学界最重要的故事之一（第7章），因为它不光包括了一次伟大的冒险，还有着开创性的思想。这个理论不是达尔文一人的成果，虽然达尔文的艰难旅程和努力程度是众所周知的，但进化理论的形成与阿尔弗雷德·拉塞尔·华莱士也有很大关系。他在达尔文之后进行了两次长途旅行，目睹了自然界相似的模式，并得出了非常相似的观点。

该理论最重要的影响之一是促使后来的科学家去探索我们在各个类群起源知识中的空白。本节中的五个故事都是关于那些在生命史上最深刻、最引人注目的谜团上取得突破的先驱们的，包括动物的起源（第8章）、真核生物的起源（第9章和10章），人类的起源（第11章）以及关于尼安德特人的发现（第12章）。

第7章 英雄所见略同

在仔细考虑后，我们在思想和环境方面都发现了一系列奇怪的相似之处。在同时代的人中，只有达尔文和我得出了相同的理论。

——阿尔弗雷德·拉塞尔·华莱士（1908年）

当阿尔弗雷德·拉塞尔·华莱士到达位于亚马孙腹地的圣华金时已濒临崩溃。反复高烧和严重的寒战使他的身体变得虚弱、没有食欲，甚至无法在吊床上翻身，更不用说爬起来了。就连照顾他的朋友都没想到这位29岁的英国博物学家还能活下来。

经过定期服用金鸡纳碱（奎宁树皮中的抗疟提取物）和两个月的休养，他的体力才恢复到足够支撑他用一根棍子当手杖走到河边的程度。他觉得乘坐独木舟和躺在吊床上没有什么区别，一样可以休养身体，于是决定继续他的亚马孙之旅。这趟旅行已经进行了4年。1852年2月16日，华莱士在当地人的陪同下开始探索沃佩斯河，这是内格罗河的一条支流。

河里到处都是岩石和激流，还有许多瀑布。独木舟要么用绳索从岸边被拉过湍急的水流，要么就得卸货后沿着瀑布边缘被人们抬上去。到3月12日，他们已经越过了50条激流，其中12条激流因水势太过汹涌，独木舟无法通过，只能由24人拉动着前行。华莱士仍然很虚弱，高烧不断，他决定在穆库拉（Mucúra）休息一阵，因为他觉得自己已经走得够远了。他的身体和运气都维持不了太久。在休息两周后，他会冒险沿着凶险的水域踏上回程，尝试航行到大西洋海岸，并希望能赶上一艘返回英国的船。

是什么驱使一个人远离家乡和亲人，在一个陌生的、有时甚至充满敌意的国家，经历种种痛苦和危险呢？

冒险的刺激是原因之一，那时极少有欧洲人会前往像亚马孙河这样的地方。当然，还有一些额外的乐趣，比如中午时分在清澈的河里洗澡。"当你汗流浃背的时候……你无法想象这有多奢侈。"华莱士在旅行初期的家书中这样写过。但对华莱士来说，探索亚马孙还有两个更具体的动机。

第一件事是收集。华莱士在英国乡间独自漫步时就对大自然产生了浓厚的兴趣。在莱斯特教书时，他结识了热情的业余昆虫学家亨利·沃尔特·贝茨，二人成了朋友。他们会利用业余时间收集莱斯特周边地区的生物，特别是当地的昆虫。他们还分享自己最喜欢的书籍，尤其是描述遥远国度的自然见闻的游记，比如查尔斯·达尔文乘坐英国皇家海军小猎犬号（*HMS Beagle*, 1831—1836年）环球航行的游记。华莱士深受一本关于亚马孙探险的新书的启发，他向贝茨提议一起去亚马孙收集鸟类、哺乳动物和昆虫的标本，这些藏品既可以作为自己的收藏，也可以卖给其他收藏家。因为两人都没有钱，所以需要出售标本来填充一部分旅费的亏空。

第二件事是为了解开一个巨大的谜团。华莱士和贝茨熟知他们那个时代的科学问题，19世纪40年代，不少像他们这样的收藏家记录着英国和世界各地的物种，但物种的起源一直是一个突出的问题。当时的神职人员和大多数科学家（其中大多数也是英国教会的神职人员）持有的观点是，物种是上帝特别创造的，它们当前的形态和位置不容改变。然而，一些博物学家（有些是匿名的）大胆地提出了演变的观点，即物种是可以改变的，一个物种可以演变成另一个物种。但因为无法回答演变是如何、何时发生的，甚至无法证明演变是否真的存在，许多人对这种观点感到反感，演变论的支持者遭到了公开批评。

然而私下里，物种起源的问题困扰着各学科的科学家——地质学家、生物学家，甚至天文学家。科学革命如火如荼地进行着，人们正在发现各种各样的物理和化学定律。新物种的形成到底是自然过程的产物，还是神创造的奇迹？这个问题被认为是生物学中最重要的问题——用一位科学家的话来说是"奥秘中的奥秘"。

华莱士建议贝茨，也许他们的考察之旅可以解开这个谜团：

> 我开始对仅仅在当地收集（昆虫）感到相当不满意，这样学不到多少东西。我想专门针对某一个科的昆虫进行彻底的研究，主要是为了探索物种起源的理论。我相信我们可以通过这种方法取得一些成果。

华莱士和贝茨于1848年5月抵达巴西海岸的帕拉。在一起对这个地区进行了一段时间的探索后，他们决定分头行动。华莱士先沿着亚马孙河的主干，然后沿着内格罗河和沃佩斯河的支流前进。除了几千个保存完好的标本，华莱士还收集了不少活体动物——包括猴子、鹦鹉和巨嘴鸟，他希望能把这些活的动物卖给伦敦动物园。但是，照顾这些动物耗尽了他本就所剩无几的精力。

离开穆库拉三个月后，华莱士于1852年7月回到了帕拉。他找到了一艘驶往英国的船"海伦号"，带着大约20只动物、成箱的标本和笔记起航回家。在航行了4个星期后，在百慕大以东约1100公里的某处，船长来到华莱士的舱房说："船舱好像着火了，你还是来看看吧！"华莱士跟着船长来到货舱，看到了滚滚的浓烟。

船员们想尽办法也没能扑灭悄然蔓延的大火。船长下令释放救生艇。华莱士回到他那闷热、烟雾弥漫的舱室，找到了一个小金属盒，那里面装着一些图纸、笔记和一本日记。他抓住绳子，准备顺着绳子降到救生艇上，但在下落的过程中被绳子磨伤了手掌，受伤的手碰到海水更疼了。他眼看着他的动物们死去，又眼睁睁地看着海伦号带着他价值不菲的标本沉没。

在没有遮挡的救生艇里度过了一天又一天。华莱士被太阳晒得浑身起泡，口渴难耐。华莱士刚一上救生艇时，就发现它在漏水。海水不断渗进船里，不停地舀水弄得他筋疲力尽，还饥饿不已。一艘漏水的救生艇漂浮在大西洋的中央，华莱士不确定这次自己能否活下来。他一定在某个时刻思考过自己为何会陷入这种困境。讽刺的是，由于他此次探险的关键目标之一是寻找物种的起源，所以他确实可以责怪那个已经知道答案的人：华莱士不知道，物种起源之谜早在他进入亚马孙雨林之前就已经被破解了。

那时，查尔斯·达尔文已经知道物种会不断演化的事实。他是在15年前环游南美洲的航行中发现的，只是没有公开地说出来而已。

一场无法实现的革命

1831年圣诞节后不久，年仅22岁的达尔文登上了小猎犬号。这次航行会邀请他加入完全出乎他的意料。前一年的春天，达尔文获得了剑桥大学的学士学位，该学位需要他宣誓遵守英国国教的基本信条《三十九条信纲》。他原本打算继续进行为期一年的神学研究，成为一名教区牧师。但约翰·亨斯洛（John Henslow）教授向船长菲茨罗伊（FitzRoy）举荐了达尔文，称他是一位十分有潜力的博物学家，可以在计划为期两年的环球考察航行中研究植物、动物和岩石标本。

作为一名对地质学有着浓厚兴趣的狂热的业余收藏家，达尔文欣然接受了这个机会，去看看他曾在书中读到过并一直梦想能亲自前往的热带地区。他说服了他的父亲相信这次旅行没有危险，也不是在浪费时间。富裕的家境使达尔文可以购买各种各样的仪器以及新的手枪和步枪，他已经做好了随时出发的准备。但他第一次见到小猎犬号时有些震惊，这艘船只有27米长，最宽处也才不过7米多，只有两个船舱。身高一米八的达尔文得弯腰才能进入舱室。他和一个19岁的军官以及一个14岁的海军学员住在一起。达尔文睡在一个挂在海图桌上方的吊床里，距离天窗只有60厘米的距离。

他带了几本书，包括一本新的地质学专著和一本《圣经》，他将《圣经》看作道德问题的权威。达尔文认为物种是固定不变的，在出发时，他脑中没有任何惊世骇俗的想法或革命性的理论。那些想法还远在千里之外，但能启发达尔文的景象和标本在航行的初期就已经出现了。

1832年9月，达尔文在布兰卡港南部的阿根廷海岸探险时，发现了一些内含贝壳和大型动物骨骼化石的岩石。他用鹤嘴锄挖出了他猜测可能是某种犀牛的骨骼化石。第二天，他发现了一个嵌在软岩里的大头骨，花了好几个小时才把它取出来，直到天黑才回到船上。两周后，他又发现了某种巨型地懒的一块颚骨和一颗牙齿。他不确定自己发现的是什么，但还是把这些骨头装箱运回了英国（菲茨罗伊船长开玩笑说"这些明显是垃圾"），以便那些专家破译它们的身份。

最终，达尔文发现的化石属于7个物种，包括一种叫作雕齿兽的类似巨型犰狳的生物，一种已经灭绝的水豚近亲，以及三种地懒——大地懒、舌懒兽和磨齿兽。所有的化石在南美洲都有现生的相似物种，但化石物种的体型更大，这使达尔文不禁开始思考灭绝物种和现存物种之间的关系。

然而，收集这些化石珍宝的代价也相当高昂。小猎犬号在南美洲海岸航行时遇到了猛烈的暴风雨，然而达尔文一直没有克服晕船的毛病。他抓住一切能下船的机会探索陆地。这样的机会很多，因为小猎犬号行进得非常缓慢，比预期中要慢得多。在整整两年的航程中，他们只勘测了非洲大陆的东海岸。达尔文常常被晕船和偶尔的思乡之情击倒，无比怀念家人和英国舒适的生活，他开始怀疑自己能否承受长途航行的颠簸。他在给亨斯洛教授的信中写道："我不知道我该如何忍受这一切。"

亨斯洛温柔地鼓励他的前学生："如果你打算在整个航程结束前回来，不要着急做决定……我猜你总会找到什么来保持你的勇气。"他还补充道，"把你看到的每一块大地懒头骨残骸都带回来，以及所有其他化石……"。

最终，达尔文克服了种种困难。又过了近两年时间，小猎犬号才完成了对非洲大陆西海岸的考察，向西驶向1000公里外的加拉帕戈斯群岛。

嘲鸫与陆龟

达尔文于1835年9月15日到达加拉帕戈斯群岛。对于博物学家而言，加拉帕戈斯群岛算不上一个伊甸园。达尔文在第一天的日记中写道：

> 这些矮小的树木几乎没有生命迹象。黑色的岩石被太阳炙热的光线照射，空气中透露出一种闷热的感觉。这些植物也很难闻……海滩上黑色的熔岩石上经常有大型（0.6—0.9米）蜥蜴出没，它们外表丑陋，行动笨拙……这些岩石肯定是蜥蜴的栖息地。

达尔文在岛屿之间进行探索和采集。他对那些大到可以让人骑在上面的陆龟十分感兴趣。在詹姆斯岛上，达尔文收集了他见到的所有动植物。他很想弄清楚这些岛屿上的植物和南美大陆上是一样的，还是这些岛屿所特有的。他也观察鸟类，詹姆斯岛上的嘲鸫和陆龟看起来与其他岛上的不同。当然，首要任务仍然是收集，鉴定和识别是下一步的工作。

在炎热的黑岩石上徒步旅行了五周后，达尔文很高兴自己终于可以离开这里了。小猎犬号继续向西航行，依次停靠在塔希提岛、新西兰、澳大利亚、科科斯群岛和南非。接下来本应向北航行回到英国，但菲茨罗伊船长没有这样做。他想要重新核对一些测量数据，于是再次横渡大西洋前往巴西。达尔文很恼火地给妹妹写信说："我讨厌大海，痛恨海上航行的所有船只。"

在接受了要在海上多待几个星期的事实后，达尔文决定好好利用在船上的时间。他计划回国后请专家研究他收集的植物、动物、化石和岩石。他开始整理和记录有关鸟类的资料，这让他想起了加拉帕戈斯群岛上有关鸟类和陆龟的未解之谜。这些鸟本身不是特别引人注目，但是达尔文注意到四个岛屿上有三种不同的嘲鸫。他在笔记本上写道："我收集了四个岛屿上的嘲鸫样本。查塔姆岛和阿尔伯马尔岛的样本看起来是一样的，但另外两个岛屿的不一样。每个岛屿都有着特有的嘲鸫，它们的习性相似。"

不同岛屿上的陆龟种类看起来也不同。达尔文继续在笔记中写道：

> 这些岛屿隔海相望，它们之间并不遥远，岛上只有为数不多的动物。这些鸟类居住在岛上，但外形略有不同。它们生活在同一个区域，我怀疑这些鸟类是同一物种的不同变种……如果这些猜测有任何证据，那么群岛的动物学就非常值得进行深

入研究，因为这些事实会打破物种稳定论。

物种可能会变化——这是达尔文的第一次顿悟。

这个想法萦绕在他的脑海中。在经过近5年的航行后，达尔文终于回到了英国，他开始回顾在旅途中看到的所有关于这种可能性的相关事物。当专家们正在仔细研究他的收藏品时，达尔文打开了一系列笔记中的第一本——关于物种演变的笔记B。他一想到什么就立刻记录下来。

达尔文思考了埋在地下的已经灭绝的动物和在陆地上活着的动物之间的关系。他在笔记本的第20页写道：

我们可以把大地懒、犰狳和树懒都看作是一些更古老的物种后代……

他在第21页继续写道：

有组织的生物像是一棵有着不规则分枝的树，但这些分枝远不仅仅是分枝……

他在第35页写道：

一个国家中的动物由于起源于一个分枝而具有相似性……

在下一页，写完"I think"（我认为）之后，达尔文画了一棵带

图7.1 达尔文在笔记B第36页上画的"生命树"

有分枝的树来描述这些想法。这是博物学史上最著名的一幅画，因为它代表着一个新体系。在这个体系中，物种自其祖先进化而来，就像孩子是父母和祖父母的后代一样自然。

生命就像族谱。达尔文想知道，树的分枝是怎么形成的？新物种又是如何出现的？

这些问题和可能的答案一直盘旋在他"精神错乱"的脑海中。1838年9月，他打开了托马斯·马尔萨斯牧师的《人口论》（1798年）。马尔萨斯说，疾病、饥荒和死亡都限制着人口的增长，如果没有这些限制，我们的人口数量每25年就会翻一倍。达尔文认识到，自然界的生存斗争更为激烈。许多物种都能大量繁殖后代，但其中只有少数能幸存到成年并再次繁殖。是什么决定了哪些后代可以存活下来，哪些不能呢？答案像闪电一样突然在达尔文脑海中浮现——适应性更强的生物能够幸存，而较弱者则会灭亡。这种筛选的过程后来被达尔文称为"自然选择"。随着时间的推移，自然选择会导致新物种的形成。

在航行结束仅仅两年后，达尔文就提出了关于物种自然起源的新理论。他有个绝佳的机会来揭露真相。他根据自己的日记写了一篇航海报告，与菲茨罗伊和一位前船长关于小猎犬号调查任务的报告一起出版。达尔文描述了他去过的地方，遇到的形形色色的人，目睹的自然现象（包括一次可怕的地震），以及他收集的各种各样的生物。当他写到这本书中关于加拉帕戈斯群岛的章节时，已经从专家那里了解到，不同岛屿上的嘲鸫和地雀是完全不同的物种。正如达尔文所推测的，它们与南美大陆上的嘲鸫和地雀相似，却又是不同的物种。他推断，一些大陆鸟类迁移到了这些岛屿，随着时间的推移产生了新的物种。然而，达尔文写道："显然，如果几个岛屿都有各自独特的同属物种，那么这些物种被聚到一起时，就会呈现出各种各样的特征。但这本书中将不会继续探讨这个不寻常的问题。"

达尔文完全回避了焦点问题。他之所以回避，是因为他担心公开物种起源于自然而非神创的结论会被视为异端邪说。而且，这完全背离了他在剑桥受到的教育，也与导师们尊崇的理念大相径庭。然而正是这些导师使这次航行成为可能，并把他介绍给英国的科学家。达尔文的结论是对他们的冒犯，也会毁掉他自己、他的家庭以及职业生涯。

他发现了一个大胆的新理论，但不敢告诉任何人。

达尔文继续积累各种证据以支撑他的信念，他确信自己理念的正确。他认为自然选择的过程与驯化的过程相似，一些个体的轻微变异会受到自然选择的青睐，就像饲养员在挑选家畜时比较它们的不同。达尔文还认为，生物身上退化的结构，比如不会飞的鸟类的翼骨，或蛇残留的四肢，揭示了它们是从功能健全的祖先演化而来的。1842年，达尔文将他的笔记和几年的思考浓缩成一份35页的草稿，用以解释"通过无限微小变化的渐进选择过程，演化出无穷无尽的最美丽、最奇妙的形式"。两年后，他将其扩充成一篇230页的论文。但达尔文仍然认为公开发表论文是不明智的，他只向少数几个同事透露了自己的想法，甚至在这方面他也非常谨慎。

1844年，他向植物学家约瑟夫·胡克（Joseph Hooker）透露了一些信息，胡克后来成了他的知己：

> 终于有了一线曙光，我几乎确信（与我起初的观点相反）物种不是不可改变的（这就像承认了一起谋杀）……我想我已经发现了（也许！）物种是如何巧妙地适应各种不同的环境。

达尔文在物种起源的问题上选择保持沉默。当华莱士读到达尔文在小猎犬号航行记录中所写的内容时，他认为物种起源的谜团仍然未被解开。如果达尔文在1839年、1842年或1844年公开了他的理论，华莱士可能就不会在1848年去亚马孙河，当然，也就不会沦落到那艘漏水的救生艇里。但达尔文什么也没说，华莱士就这样被困在了大海中央。如果华莱士没有获救，我们可能永远都不会听说这个人。但他获救了，他的探索之旅远未结束。后来，也正是华莱士迫使达尔文公开发表了他的理论。

获救与决心

海上航行的第10天下午，一艘驶往伦敦的英国船只发现并救起了华莱士和海伦号的船员们。华莱士得救了，危险散去后，两手空空的现实深深打击了他。在亚马孙航行期间，激励他继续前行的动力就是可以带回美丽的新物种。但在历经四年的艰辛和牺牲后，现在的他一无所获。

在回家的路上，华莱士给一位在巴西的朋友写了一封信，详细描述了他的遭遇。他写道："离开帕拉后，我曾无数次发誓，一旦回到英国，就再也不会出海探索了。"然后他又写道："但决心总是很快就会消失。"华莱士决定，尽管在上一次航行中一无所获并且几乎丧命，他将再次起航。

在英国休养体力时，华莱士也思考着可能的目的地。他必须收集到能卖个好价钱的标本，但排除了重返亚马孙的可能。他想到了东南亚和澳大利亚之间的马来群岛。除了爪哇岛之外，欧洲科学界对这片几乎和整个南美洲大陆一样大的广阔区域中的动植物一无所知。这里的岛屿上覆盖着热带森林，看起来很相似，但栖息着不同的动物。探索并解释这些差异，华莱士获得的研究成果足以回报他的坚持不懈。

华莱士于1854年4月抵达新加坡岛。在接下来的8年里，他从一个岛到另一个岛，将进行96次岛屿间的穿越，并在这场超过22000公里的行程中，收集超过12万个标本。这一次，这些标本将安全返回英国。尽管传说当地的土著居民十分凶悍，但他们与华莱士分享了他们关于森林的知识，并帮他找到了他想要的东西。华莱士在那里得到了那些最美丽、最珍贵的动物标本：猩猩、猴子、令人惊叹的天堂鸟和巨大而绚丽的蝴蝶。

这些被称作"鸟翼蝴蝶"的昆虫因其巨大的翼展和丰富的颜色吸引了华莱士的目光。他不仅发现了新物种，而且还特别关注着发现漂亮的昆虫的位置。他发现不同的鸟翼蝴蝶来自不同的岛屿。不同岛屿上发现的相似但不同的蝴蝶给华莱士带来了启发，就像加拉帕戈斯群岛上的鸟类给达尔文的启发一样——物种会发生变化。

尽管达尔文对进化论保持了沉默，华莱士却没有这样的顾虑。他没有家族财富或地位，没什么可失去的，但他想要建立自己的声望。他迅速把想法写了下来，寄给了英国的科学杂志和期刊，其中有些是简短的野外记录，还有一些记录了更大胆的观点。

在对地球两端的丛林进行探索之后，华莱士得到一个特别的机会来比较不同的动物种群，并思索它们为什么会在那些区域出现。马来群岛上分布着不同种的鸟翼蝴蝶，亚马孙河流域则栖息着完全不同种类的蝴蝶。同样，他只在南美洲见过金刚鹦鹉，而凤头鹦鹉只存在于马来群岛和澳大利亚。在全球范围内，两个物种越相似，它们生活得就越近。华莱士引用了达尔文对加拉帕戈斯动物的描述，来证明同样的现象。然而华莱士指出，它们的分布"没有得到任何解释，甚至连猜测性的解释都没有"（因为达尔文回避了这个问题）。华莱士问道："为什么会这样？如果没有规则制约动物的产生和散布，它们就不可能变成现在这个样子。"动物的分布模式使华莱士更加相信物种一定来自之前就已经存在的物种。华莱士在婆罗洲岛的沙捞越岛上写下了"沙捞越律"："每一物种的出现在空间与时间上都对应着一个此前存在的亲缘物种。"

华莱士收集了更多的证据，包括蛇类退化的四肢，以及海牛和鲸的鳍状肢上的指骨。他写道："任何一个有思想的博物学家都会提出这个问题：这些东西有什么用？"如果每个物种都是被独立创造的，和之前的物种没有任何联系，它们的形态只是为了适应其栖息地和生活方式，这些无用的骨骼就毫无意义了。不，华莱士断言，这些退化的结构告诉我们，物种在时间和空间上是相连的，就像"一棵有分枝的树"。华莱士自己也得出了与达尔文的生命分枝树相似的概念。

穿越马来群岛，华莱士发现了更多可以证明他提出的规律的证据。在婆罗洲的丛林里，华莱士看到了猴子和猩猩。但当他向东深入新几内亚的丛林时，并没有在树上发现猴子，而是发现了树袋鼠，这是一种有袋类动物（它们的幼仔在一个特殊的育儿袋里发育）。为什么不同种类的动物会出现在如此相似的栖息地中？

他再次把想法写了下来。华莱士指出，在神创论中，人们应该会在气候相似的国家找到相似的动物，在气候不同的国家找到不同的动物，但这与他看到的事实完全不一样。

通过比较东部的婆罗洲和西部的新几内亚，他写道："很难找出两个在气候和地理特征上如此相似的地方。"但这两个地方的鸟类和哺乳动物完全不同。

穿过群岛时，华莱士注意到一个明显的模式：东部岛屿上的哺乳动物与澳大利亚的相似，是有袋动物；而西部岛屿上的哺乳动物与亚洲的相似，是胎盘动物。就像有一条线将马来群岛一分为二。

为什么上帝要在这些岛屿上划定界线，让一边的树上是猴子，另一边的树上是袋鼠？神创论不能解释这条线，但华莱士提出的规律可以解释，即现存物种来自之前就存在的物种。华莱士推测，曾经，新几内亚等东部岛屿通过陆地与澳大利亚相连，而西部岛屿与亚洲相连，东西岛屿之间隔海相望。是地球的变化造成了物种现有的分布，而不是神。

英雄所见略同

对华莱士来说，下一个亟待解决的问题不是物种是否会演化，而是它们如何演化。

1858年初，当他在马鲁古群岛的哈马黑拉岛因疟疾而发烧时，答案出现在了他的脑海中。（很久以前就有报道称华莱士的报告是在德纳第岛上完成的，但最近有研究表明，华莱士当时已经从德纳第岛前往哈马黑拉岛。）

在发烧时华莱士无事可做，只能"思考当时我特别感兴趣的话题"。在三十多摄氏度的环境中，他裹着毯子想起了几年前读过的马尔萨斯关于人口问题的论文。他突然想到，阻碍人口增长的疾病、意外事故和饥荒也会对动物产生影响。他开始思考关于繁殖的问题，动物的繁殖速度比人类快得多，如果不加以控制，世界将很快拥挤不堪。但经验证明，动物的数量是有限的。寻找食物和逃离危险的本能决定着动物的行为——弱者将被淘汰。

华莱士是一位伟大的收藏家，他对物种个体的多样性也非常熟悉。他意识到，那些更擅长寻找食物或躲避天敌的动物会在自然竞争中胜出。

华莱士只花了几个晚上就写完了论文。

他将论文命名为《论变种无限地离开原始类型的倾向》。这篇论文只是他发着烧在一间破房子里构思出的草稿，距离当时的科学中心英格兰有12000公里之遥。华莱士没有直接把论文寄给某个期刊，他想让别人先看看。

华莱士把论文寄给了一位博物学家，查尔斯·达尔文。他们之前就已经通过信了。

达尔文在1858年6月收到了华莱士的论文。他读的时候感到极度震惊。华莱士得出的结论与他20年前得出的结论相同，但达尔文一直都没有发表他自己的论文。

两位作者明明都不知道对方的想法和文章。两个背景如此不同的人为何会提出如此相似而深刻的思想？

英雄所见略同。

两人都近距离观察过自然，都明白自然就是战场；两人都收集了足够多的个体物种标本，认识到物种是多变的；两人都看到了栖息在特定岛屿上，略有不同的物种，并得出了物种会发生变化的结论；两人都读过马尔萨斯关于人口问题的文章并深受启发。同样的事实模式使两人得出了相似的结论。

华莱士请达尔文将手稿转交给地质学家查尔斯·莱伊尔爵士，达尔文照做了。莱伊尔和著名的植物学家约瑟夫·胡克都是达尔文的密友，他们知道达尔文早在许多年前就提出了关于物种起源的理论：自然选择。不过，他们认为华莱士和达尔文应该共享这份荣誉。莱伊尔和胡克主动安排在即将于伦敦举行的林奈学会会议上一起宣读华莱士的论文和达尔文对其理论的简要总结，并一起发表论文。

华莱士和达尔文都没有出席会议。华莱士当时还在马来群岛，事后才知道这一安排。但无论是公开宣读还是论文发表都没有引起大众的关注。直到第二年，达尔文完成并出版了巨著《物种起源》，大众、新闻界和科学界才开始关注这一理论。

华莱士还在马来群岛的时候就收到了达尔文寄来的书。他读了

一遍又一遍。然后他给远在英国的老朋友贝茨写了一封信，分享了
自己的感受：

> 我不知道该如何向谁表达我对达尔文著作的钦佩之情……
> 我真诚地相信，无论我多么有耐心地进行研究和实验，我都不
> 可能得出这本书里这样完整的结论，它压倒性的论点，这令人
> 钦佩的语气和精神……达尔文创造了一种新的科学和一种新的
> 哲学，我相信从来没有哪个人的研究能够如此完整地阐释人类
> 认识的一个分支。

这也许是科学史上最慷慨的称赞。

华莱士于1862年回到英国，两人成了毕生密友。华莱士在他的
余生中，一直对达尔文非常尊敬。他总是提起"达尔文理论"。后
来，他在自己的重要著作《马来群岛》（1869年）中题献到："查
尔斯·达尔文，他是《物种起源》的作者，不仅作为个人的敬意和
友谊的象征，也为了表达我对他的天才和他的作品的深深敬佩。"

第8章　物种大爆发

地球表面只有一小部分被地质勘探过，并且没有任何部分
经过了足够的细致研究。

——查尔斯·达尔文，《物种起源》

1910年2月10日下午，在华盛顿特区，三个戴着高顶礼帽、穿着
华丽的男人大步走到路边，登上一辆崭新的汽车。他们停下的那一
刻被一名摄影师抓拍到了。这三位发明家的事迹将成为传奇，他们
的名字将永远与自己的革命性发明联系在一起，他们是威尔伯·莱
特（Wibur Wright）、奥维尔·莱特（Orville Wright）和亚历山
大·格雷厄姆·贝尔（Alexander Graham Bell）。

陪同这些美国著名历史人物乘车的是查尔斯·杜利特尔·沃尔
科特（Charles Doolittle Walcott），一个名字和事迹在后世可能会被
忽略或者很少有人知道的人。有人可能会认为，在那天与如此著名
的人接触肯定是沃尔科特这一年，或许是他一生中最精彩的时刻。

其实，那一天在沃尔科特人生中甚至连第二精彩的时刻都算

图8.1　从左到右依次为查尔斯·杜利特尔·沃尔科特、威尔伯·莱特、亚历山大·格雷厄姆·贝尔和奥维尔·莱特

不上。

6个月前，这位近60岁的资深地质学家骑着马，在加拿大落基山脉的伯吉斯山口发现了有史以来发掘到的最古老、最重要的动物化石矿脉。伯吉斯页岩地层中保存完好，但有些奇怪的动物代表着生命故事中最伟大的篇章之一，也是古生物学的最大谜团之一——寒武纪大爆发：5亿年前寒武纪时期突然出现了众多大型复杂动物。

那天沃尔科特对与这些杰出的人物在一起并不感到紧张的另一个原因是，他一直身处这个国家的精英阶层。尽管沃尔科特没有完成高中学业，也没有获得任何文凭或学位，但他却是美国地质调查局局长、史密森学会的秘书、华盛顿卡内基研究所的创始人，还担任过美国国家科学院院长。到1910年2月，他已经认识并为4位总统提供过建议，还将为接下来的3位总统服务。他承担这些工作的同时，还设法探索了北美洲大部分地区的地质情况，并在生物史领域取得了两个里程碑式的发现。

沃尔科特非凡的故事是从他在加拿大山峰上的最重要发现——三叶虫开始的。

寒武纪记录

查尔斯·沃尔科特出生于纽约州的尤蒂卡，成为少年时正值美国内战期间。由于许多人离开家乡加入联邦军队，有很多工作可供年轻的沃尔科特选择。起初，他在特伦顿瀑布附近的威廉·拉斯特的农场当夏令工。

乳制品业是拉斯特主要的收入来源。但和该地区的其他农民一样，他还经营着一个小型采石场，为建造房屋和谷仓地基提供石灰岩，并以此获得一些额外收入。该地区以特伦顿石灰岩闻名，除了可以作为建筑材料，这里的石灰岩中有着大量的化石。

沃尔科特很早就发现了化石的奥秘。虽然在完成放牧任务的同时采石是一项艰苦的工作，但他确实从中发现了许多化石标本。沃尔科特熟知石灰岩岩层中化石最丰富的地方，特别是在哪里可以找到最珍贵的三叶虫。

他还了解到不同的化石如何表征不同的岩层，并标记着不同的地质年代。有一天，他在去特伦顿瀑布的路上发现了一块砂岩。沃尔科特剥出了其中所有的化石，但没有一个属于他熟悉的特伦顿石灰岩。他推断这些三叶虫一定早于特伦顿时代，比他之前收集的三叶虫还要古老。沃尔科特猜想这些化石应该是寒武纪（Cambrian）的，这是当时已知最早的有化石的地质时期。"Cambrian"这个名字来自拉丁语中"*Cambria*"（威尔士）一词。这个词是19世纪30年代亚当·塞奇威克牧师在进行一系列实地勘探时提出的，其中就包括与一位名叫查尔斯·达尔文的年轻助手一起前往北威尔士的探险。

　　沃尔科特当时就下定决心要继续研究更古老的寒武纪岩石。然而，这并不意味着他要去学习一门正式的课程。他17岁就辍学了，沃尔科特发现打工挣钱和收集化石对他来说比上学更有吸引力。而且，他留在拉斯特的农场还有另一个原因：拉斯特的女儿露拉。1870年春天，20岁的沃尔科特已经是拉斯特农场的正式员工。不到一年后，他与露拉订婚了。

　　在照顾生病的奶牛、粉刷谷仓、打干草、布置婚房的同时，沃尔科特对自己的化石研究和地质学也有着足够的信心。他与一些知名的古生物学家和动物学家取得了联系。沃尔科特知道他的收藏品有市场，在那个困难的时期时，他将它们换成了钱。哈佛大学买下了他收集的325份完整的三叶虫、海百合、腕足类动物、海星和珊瑚化石，支付了3500美元，这相当于沃尔科特几年的工资。

　　沃尔科特后来在《辛辛那提科学季刊》上发表了他的第一篇论文，描述了一种新的三叶虫。随后，他又发表了一系列短篇报告，每一篇文章在技术细节和复杂性方面都有所进益。然而1876年，在他们结婚的第四年，沃尔科特的妻子露拉就去世了，那些最初的成功因此黯然失色。

　　沃尔科特悲痛万分，不知所措。直到附近的奥尔巴尼纽约州立博物馆的首席地质学家为他提供了一份助理的工作。沃尔科特离开了位于特伦顿瀑布的三叶虫农场，搬到了州府。

去大峡谷谷底

　　沃尔科特在奥尔巴尼的学徒期只有不到三年，但对他来说这是一个重要的跳板，还帮助他治愈了痛失爱妻的悲伤。沃尔科特从他的老板那学到的不仅仅是地质学知识。他的老板和州议会的政客们关系密切，博物馆依赖于他们的善意和支持。沃尔科特必须确保每当有重要的客人来访时，这位首席地质学家都能有饱满的状态。这种能力在多年后依然让他受益匪浅。作为回报，老板为沃尔科特推荐了刚刚成立的美国地质调查局（USGS）的职位。

1879年7月21日，当时29岁的沃尔科特被任命为地质助理，成为美国地质调查局的第20名员工。他被分配到一个小组，该小组的任务是绘制大峡谷及其周边人迹罕至的地区的地质图。10年前，独臂的约翰·韦斯利·鲍威尔少校和他的同伴们曾勇敢地蹚过科罗拉多河的急流，穿越了大峡谷。

沃尔科特的具体任务是绘制一长串几乎无间断的地质构造的地质图，从大峡谷内的科罗拉多河一直延伸到犹他州南部海拔约为2400米的粉红悬崖（Pink Cliffs）。从峡谷边缘到最高峰，悬崖、斜坡和台地形成了一个类似"大阶梯"的结构，每个"阶梯"都有着高达600米的悬崖或斜坡，之间由宽约为24公里的"踏板"隔开。沃尔科特以最高的粉红悬崖为起点，沿着"阶梯"往下走，最后到达科罗拉多河。他根据每个地层所包含的化石对地层进行区分。

沃尔科特先乘坐5天的火车到达犹他州，接着还要搭乘190多公里的公共马车。他从犹他州的比弗出发，带着4头骡子和1个厨师，每天骑着骡子行进16—24公里。美国地质勘探局指望地质学家能自主地完成这项工作，沃尔科特对这项工作胜任有加。

短短三个月时间，沃尔科特仅凭借一个手持水平仪、一段链条和一个高度计就完成了一片129公里长、4公里宽的区域的测绘，这是惊人且前所未有的成就。他从粉红悬崖（现在的布莱斯峡谷地区）的岩石开始测量，随着高度的下降，发现了各主要地质时期——白垩纪、侏罗纪、三叠纪、二叠纪、泥盆纪——的化石。在科罗拉多河，他还发现了一些寒武纪的三叶虫。随着天气开始变冷，他结束了工作，把货物装上骡车，将2500多块化石一起运回。到火车站还需要6天的长途跋涉。

他的上司对沃尔科特印象深刻，给他发了双倍工资，不久又派遣他去西部。沃尔科特去了内华达州的尤里卡矿区，在那里他专注于古生物学的研究。随后，在1882年夏末，美国地质勘探局新任局长约翰·韦斯利·鲍威尔亲自召唤沃尔科特重回大峡谷。

沃尔科特1879年的调查已经完美地描述了峡谷之巅，但没有探明峡谷的深度。鲍威尔是一名资深地质学家，他想更多地了解几年前乘坐木船穿越峡谷时看到的那些壮观的构造。他认为最好的办法就是修建一条从峡谷边缘一直延伸到科罗拉多河的小路。这样沃尔科特和其他人在冬季的那几个月也可以在峡谷内工作，那里可能会比边缘地区更暖和。

沃尔科特和一名化石收藏家、一名厨师、一名骡工一起回到大峡谷，开始详细研究寒武纪时期的岩层。然后他一路向下，走到地质序列的更深处。由于没有连续的河岸，在峡谷中行进十分困难，沃尔科特和他的团队不得不沿着峡谷的岩壁和悬崖边修建小径，或是沿着山脊跨越一个个山谷。这是一段行进缓慢而危险的旅程，骡子或人一旦失足，就可能从上百米高的地方掉下去。与鲍威尔所设想的不同，冬天峡谷内部也不暖和，沃尔科特一行人不得不与风雪做斗争。他们在营火旁融化大块的冰，以供骡子饮用。对于同行的那位收藏家来说，这实在是太煎熬了，在峡谷深处生活和持续的工作使他有些抑郁。沃尔科特很体谅他，让他先回家了。两个多月后，剩下的队员和骡子才沿着小径返回，他们拖着冻伤的双脚走到了峡谷边缘的一个营地。

沃尔科特成功地对之前未被记录过的3600多米的深度进行了考察。加上他1879年的研究，他总共测量了7600多米的垂直地层，这可能是19世纪单个地质学家测量过的最大的地层剖面。他在这次调查中同样勘察了大量岩石，但与第一次不同的是，他在其中发现的化石很少。他的导师在给一位英国同事的信中谈到了寒武纪之前的岩层中化石记录的神秘空白："我相信沃尔科特都找不到化石的地方，其他人也都不可能找得到。"

寒武纪化石的缺失不仅是大峡谷的谜团，也是整个世界的谜团，达尔文也对此感到困惑。但沃尔科特其实已经发现了一些宝贵的线索，只是他还没有意识到。

达尔文的困境

达尔文很清楚寒武纪时代之前的地层中很少有化石。他在《物种起源》中坦率地提到了这个谜团。令达尔文和其他所有演化论支持者苦恼的问题是，三叶虫和其他生物突然就出现在了寒武纪的化石记录中。寒武纪大爆发似乎标志着生命的开端，高等动物在极短的时间内出现。这种化石记录中的模式与演化论的思想并不相符：演化论认为复杂的生物是从简单的生物逐渐演变而来的。达尔文承认："对于我们为什么没有找到这些原始时期的证据，我无法给出满意的答案。"事实上达尔文意识到，如果不对化石记录中的空白加以解释，这将是他理论中的一个重大破绽。

在大峡谷中，在含有大量的带壳生物和三叶虫的寒武纪地层之下，沃尔科特发现了一大片基本上没有生命迹象的岩层。他在报告中写到自己只在那里发现了少量的化石。他已经习惯了发现成群的标本，因此感到十分失望。

事实证明，沃尔科特是被大峡谷中一种奇特的岩石结构迷惑了。在他去过的北美其他地方，寒武纪地层的底层是更古老的变质岩石。然而在大峡谷中，他在最底层含有三叶虫化石的寒武纪岩层的下面发现了一大片典型的沉积岩。根据它们的外观，沃尔科特起初认为这几百米的岩石也是寒武纪时期的。但他错了，几年后，他意识到那片寒武纪化石下面的沉积岩实际上属于寒武纪之前的一个大时期——前寒武纪。他在其中发现的化石是第一个关于前寒武纪生命的明确证据，那是一种现在被称为叠层石的结构，由古老的蓝细菌类微生物以及大型藻类的遗骸组成。寒武纪的生命并不是突然开始的。

雪鞋查理

沃尔科特很久之后才会再次回到大峡谷。他需要了解的地质学知识还很多，在接下来的十年里，他每年都在进行新的考察，一直漫游在北美各处，包括佛蒙特州、德克萨斯州、犹他州、纽约州、马萨诸塞州、加拿大与佛蒙特州交界处、北卡罗来纳州、田纳西州、魁北克省、科罗拉多州、弗吉尼亚州、阿拉巴马州、宾夕法尼亚州、马里兰州、新泽西州、蒙大拿州和爱达荷州，他几乎所有的野外工作都聚焦于寒武纪地层。

对美国地质勘探局来说，具有如此丰富实地考察经验的人是无价之宝。勘探局的领导开始征求沃尔科特的建议，让他指导考察工作，并让他向国会议员和参议员讲解考察工作和重点内容。沃尔科特很坦率，在许多领域上都表现出了极高的掌控力，这让政客们越来越信任和尊重他。

1894年春天，格罗弗·克利夫兰总统提名沃尔科特为美国地质勘探局的新局长，这一提议很快获得了参议院的批准。由于该机构与探索和管理国家资源密切相关，沃尔科特成了华盛顿科学界和政府界的重要人物。他擅长处理联邦机构、国会，甚至白宫的各项事务。沃尔科特稳重无声的做事方式为他赢得了"雪鞋查理"的绰号。

这正是总统在处理敏感话题时所需要的技能。西奥多·罗斯福总统把灌溉和水利工程（大坝、堤坝等）作为其政府的主要议题，他希望这些工程由沃尔科特主管，因为"沃尔科特经受了考验和试探，我们知道他们（USGS）会出色完成这项任务"。随着沃尔科特阻止了那些希望让自己州的水利工程得到特殊待遇的利益集团，罗斯福对他的信心与日俱增。

罗斯福和沃尔科特都很关注环境问题。沃尔科特经常到白宫参加关于森林、河流、公园和政治的会议。由于美国之前缺乏足够的法律来保护史前文物、悬崖民居、墓地、洞穴、土丘和其他遗址以及具有科学或风景价值的地区，1906年《古文物法》应运而生。这部法律授权总统可以将任何有必要保护的土地划为国家纪念

公园或保护区。罗斯福最早指定的国家纪念公园之一就是大峡谷
（1908年）。

沃尔科特担任美国地质勘探局局长期间，尽管担负着许多职
责，他还是会经常设法逃离华盛顿，尤其是在夏季。沃尔科特和他
的第二任妻子海伦娜结了婚，在他们的孩子都长大后，这些冒险变
成了日常的家庭事务，孩子们也加入了寻宝活动。没有什么能比西
部的新鲜空气、一堆篝火、骑上一匹健壮的马，还有一桶三叶虫化
石更让沃尔科特精神焕发了。在华盛顿时，他也会在他办公室旁边
的一个小房间里继续研究化石。

很多人在职业生涯中都会产生急流勇退的想法，尤其是那些
对体力要求很高的职业，沃尔科特却仍乐于接受新的挑战。1906年
末，史密森学会的秘书去世，最高职位出现了空缺，学会董事想让
沃尔科特接手。尽管罗斯福不愿他离开美国地质调查局，但最终妥
协了。于是史密森学会得到了"一位既是公认的科学家，又拥有明
确行政能力"的领导。

罗斯福为沃尔科特举办了一次白宫晚宴，以表彰他的成就。

物种大爆发

史密森学会秘书的新工作并没有改变沃尔科特的工作习惯。
夏季的野外考察仍在继续进行，史密森学会的工作人员很快就知道
了，沃尔科特在上午10点到下午2点之间研究三叶虫其他或化石时是
不能被打扰的。

1909年，就像前两个夏天一样，沃尔科特在加拿大落基山脉度

过了夏季的后半段时间。沃尔科特、海伦娜和他们13岁的儿子斯图尔特乘火车来到了阿尔伯塔省，最终到达了不列颠哥伦比亚省的菲尔德。他们从那里骑着马进入了悠鹤山谷。壮丽的景色常常被同样"壮丽"的天气所掩盖，雷暴、雪风暴和冰雨经常迫使他们停下寻找避难所。

八月的最后几天，他们沿着伯吉斯山口前进，沃尔科特、海伦娜和斯图亚特下马去收集标本。当他们检查一些松散堆积的页岩块时，看到了大量的保存完好的甲壳类动物标本。沃尔科特从未见过如此精美的标本，之前也从未遇到过这些物种。他们把样品带回营地。幸运的是，好天气又持续了一天，他们回到现场，在石板里发现了同样保存完好的海绵标本。这些化石如此特别，沃尔科特急切地想找到它们的来源。爬上斜坡之后，他确实找到了更多含有化石的石板，但没能在天气变坏之前找到石板所在的原始地层。沃尔科特明白自己正追寻着一些非同寻常的东西，但他们不得不撤离了。

次年夏天，也就是1910年7月，沃尔科特、海伦娜及他们的两个儿子斯图尔特和西德尼兴致勃勃地回到了悠鹤山谷。建好营地后，他们立即一路向上，攀登到300多米的斜坡上收集标本。很快他们就发现了大量甲壳类动物标本，沃尔科特称之为"花边蟹"。这种动物不到3厘米长，沃尔科特以自己一位同事的名字将其命名为"Marrella"。他们还发现了大量三叶虫标本和很多被沃尔科特形容为"杂七杂八"的东西，这些东西让他这位专家眼花缭乱。

他们仔细检查了每一层石灰岩和页岩，寻找含有化石的岩层。最终，找到了一处不到20厘米厚、长约60米的岩脉，进入了热火朝天的工作模式。

　　他们花了30天的时间开采页岩。沃尔科特在拉斯特农场学会了如何使用炸药，可以快速地清除伯吉斯山口的大量岩石。他和孩子们把炸出来的石块顺着斜坡滑到小路上，然后装上马车运到营地。在那里，海伦娜指挥分割页岩，并清理含有化石的岩石，然后把它们打包运送到营地下方约1公里处的菲尔德火车站。他们的作业受制于天气：天气好的时候，他们进行爆破和牵引；暴风雨来临时，他们就悠哉地待在营地里拆分页岩，搜寻里面的化石标本。

　　一个月后，沃尔科特筋疲力尽，但兴致不减。他在给史密森学会的同事的信中写道："这些收藏很棒……那里有更多比我想象中还要美好的新东西。"

　　他发现的化石生动地证明了寒武纪的动物种类比以前看到或想象的要丰富得多。伯吉斯页岩中所含的三叶虫和腕足类动物比其他寒武纪沉积物中的要多得多。精巧的页岩还保存了一些软体动物化石，包括达尔文在内的一些人认为这些动物不可能在岩石中形成化石。深色伯吉斯页岩所含的生物中有动物界许多其他主要分支的代表，包括环节动物、曳鳃动物、叶足动物，甚至是脊索动物（人类也是脊索动物门中的一员）。由于三叶虫的出现，页岩中化石数量最多的是节肢动物，它们多样的形式引人注目。沃尔科特给各种各样的生物起了各种各样的名字。例如，有一种节肢动物被命名为"*Sidneyia inexpectans*"（意为西德尼的发现），以纪念14岁的儿子西德尼发现了该物种的模式标本。

　　动物形态的多样性既令人惊奇又令人困惑。沃尔科特还命名了一些奇异的生物，比如五只眼睛的欧巴宾海蝎和化石中的巨无霸：奇虾。他尽力对它们进行分类，将它们归入现有的节肢动物目或新建立的科中。随后的研究揭示了它们与现存的节肢动物有亲缘关系，但又与之不同。还有一些伯吉斯页岩中的动物，如威瓦亚虫，则长期以来都没有得到明确的分类。

不管如何分类，这些化石的意义是多方面的。伯吉斯页岩让我们第一次看到了寒武纪海洋中形形色色的生命形态。人们之前从来没有发现过这样的化石群，后来也很少有发现能与之匹敌。对于许多软体动物来说，伯吉斯页岩不仅是它们在化石记录中最早出现的地方，也是当时唯一的化石记录。这些化石的发现将大多数现代动物门的起源至少推到了寒武纪。由于寒武纪出现了如此多的门，后来的科学家们把这个时期称为物种大爆发时期。

在沃尔科特发现这些化石的一个世纪后，我们已经对寒武纪大爆发有了更多了解，但仍远未达到我们希望的程度。我们所掌握的最可靠的事实是关于大爆发的时间范围，这在沃尔科特的时代是完全无法用任何方法得出的（当时连地球的年龄都还无法确定）。沃尔科特认为这些化石有1500万年到2000万年的历史，然而现在我们知道它们要比这古老得多。寒武纪始于5.43 ± 1亿年前，而伯吉斯化石约有5.05亿年的历史。沃尔科特发现的前寒武纪岩石形成于7亿到12亿年前。

后来人们又发现了比伯吉斯页岩更古老的寒武纪沉积物，其中也包含了各种各样的动物化石。这些化石揭示了大多数动物类群是在约5.3亿年前开始出现的。因此，在伯吉斯页岩中的动物被埋葬并成为化石之前，这场大爆发已经持续了大约2000万至2500万年。

是什么引发了这场物种大爆发？物种在之前漫长的时间中都是体型微小、结构简单的，为什么体型巨大且结构复杂的生物会突然出现，又是如何出现的？地球化学家已经确定，前寒武纪晚期的海洋中氧气含量急剧上升。由于体型较大的生物需要将氧气分配到它们身体各处的细胞中，许多科学家支持是海洋中氧气含量的上升使大型动物的出现成为可能的观点。演化出的更多、更大的动物可能引发了捕食者和被捕食者之间激烈的生态竞争，进而使海洋迅速充满了各种各样的生物。

1910年之后，沃尔科特又多次回到伯吉斯采石场。直到1925年，75岁之前，他每年都会造访加拿大落基山脉。他设法将超过65000件惊人的伯吉斯标本带回了史密森学会，这些标本现在都是国宝。

沃尔科特在20年任期内也没有疏忽国家博物馆的其他藏品和各项任务。沃尔科特后来还在促使国会、军方和威尔逊总统于1915年建立国家航空咨询委员会（NACA）方面发挥了关键作用，并最终担任了该委员会的执行委员会主席。43年后的1958年，在苏联发射人造卫星后，美国为了赶超苏联的领先优势，沃尔科特帮助创建的组织转变成了现在的美国国家航空航天局（NASA），并被赋予了探索外太空的任务。

从大峡谷深处到加拿大落基山脉之巅，从前寒武纪微小标本到物种大爆发，从开发美国西部到太空竞赛，从特伦顿瀑布到白宫，"雪鞋查理"都留下了深深的足迹。

第9章　我中有你

任何活细胞都携带着其祖先亿万年的经验。别指望三言两语就能对其进行解释。

——马克斯·德尔布鲁克，生物学家（1949年）

一个女生走在芝加哥大学数学系埃克哈特大厅的楼梯上。一个男生正向下走，他们目光相遇，便停下来聊天。

女生的名字叫林恩，是一个新生，她来自芝加哥南部的一个贫困社区，那里的女孩为了保证自身安全，不得不随身携带刀片。她早熟且自信，渴望离开家庭的束缚。14岁时，林恩就报名参加了大学附属高中的一个特别项目，学习更具挑战性的课程，并在16岁就进入了大学。

男生的名字叫卡尔，20岁，是一名物理学专业的学生。他在新泽西州长大，也在16岁时就进入了这所久负盛名、要求严格的大学。林恩觉得卡尔高大帅气，而且口齿异常伶俐，非常健谈。卡尔是大学天文俱乐部的主席，写过关于太空的文章，还做过公开演讲，在校园里"有点名气"。

他们开始约会。刚好二人都喜欢聊天，经常在一起说地谈天。

在卡尔还小的时候，他就对太阳系和宇宙其他地方存在生命的可能性很感兴趣。1954年，分子生物学刚起步，地球上生命的一些秘密开始被揭示出来。林恩对科学知之甚少，她将自己形容为一个"无知的人"，但她希望能成为一名作家。

相比之下，卡尔对科学充满热情，满脑子都是各种想法。他喜欢沉浸在太空旅行的幻想中，虽然当时人类还没有进入太空，但他和朋友打赌，人类将在1970年登陆月球。卡尔向林恩介绍最新的科学知识，包括其他星球上可能有生命存在，但在林恩看来这很荒谬。

林恩是一个很好的同伴：她对别人的想法很感兴趣、思想开放、充满能量，而且很有幽默感。她的热情和聪慧为她赢得了许多朋友。她爱卡尔，爱他那富有感染力的热情和温暖的微笑。

在卡尔的启发下，林恩内心的科学精神觉醒了。一学年的自然科学课程让林恩有机会阅读许多生物学先驱的经典著作，其中就包括达尔文（第7章）和摩尔根（第3章）的。他们的发现和思想使她对遗传学产生了浓厚的兴趣，她相信理解遗传原理是演化的关键。当林恩获得学士学位并朝着科学的方向前进时，卡尔先后在芝加哥获得了第二学士学位、物理学硕士学位和天文学博士学位。

卡尔的才华和雄心使他多少有些以自我为中心，这常常惹怒林恩。在本科期间，她曾数次与卡尔分手，但又因卡尔的魅力和口才和好。尽管这段关系没有那么一帆风顺，林恩也有些摇摆，但他们还是开始谈婚论嫁。林恩非常独立，决心追求自己的科学事业，但那是20世纪50年代。"除非先结婚，我不能与他同居……"她后来解释道。

因此，1957年6月16日，在获得学士学位一周后，19岁的林恩·亚历山大（Lynn Alexander）在芝加哥一家闷热的酒店里嫁给了22岁的卡尔·萨根（Carl Sagan）。

两人都有着光明的未来，不过最终还是分开了。卡尔·萨根后来成了举世闻名的天文学家和公众人物。但本章的主角不是他，而是林恩。

突兀到不礼貌的理论

卡尔的博士研究主要是在威斯康星州威廉斯湾的叶凯士天文台进行的。林恩申请了威斯康星大学的遗传学和动物学硕士，并成功被录取。于是，这对夫妇搬到了麦迪逊。

卡尔十分支持林恩对事业的追求，但他也想要一个有着很多聪明的孩子的大家庭。他做了个计划：如果他们每18个月生一个孩子，等林恩生完第5个孩子，她就可以专注于学习并继续攻读博士学位了。

在威斯康星州时，林恩周围都是杰出的教授和骨干教师。她的导师沃尔特·普劳特（Walter Plaut）是一个非常热情的人，他把林恩带进了变形虫的世界。在林恩第一次通过相差显微镜观察变形虫时，就对它一见钟情。林恩喜欢喂养这些形状多变的原生动物，她会特意跑去洛杉矶，只为了从饲养变形虫的容器中抽出脏水并给它们添加食物和盐。

细胞学教授汉斯·里斯（Hans Ris）通常会在周六晚上带领学生一起进行头脑风暴，这也成了林恩后来的习惯。里斯在讲授高级课程时有一个习惯，那就是朗读E. B. 威尔逊1925年出版的经典著作《细胞的发育与遗传》（*The Cell in Development and Heredity*）。这本书中提到了一位名叫沃林的科学家（他是摩尔根在哥伦比亚大学的同事）的观点：沃林在1922年提出，线粒体"可被视为一种共生细菌，它与其他细胞质组分的联系可能起源于进化的最早阶段"。林恩对此感到震惊，线粒体是从共生细菌的进化而来的？

里斯继续读道："毫无疑问，对许多人来说，这样的想法在科学研究团体中可能显得太过荒诞，不应该提及；然而，可能有一天它们也会引发更严肃的思考……"

共生是一种生物与另一种生物密切联系在一起共同生活的现象，这在动物学中是已知的，但并不十分常见。复杂真核细胞内的细胞器起源于生活在宿主细胞内的细菌（内共生），这个想法看起来十分激进。这并不是达尔文所设想的那种一条谱系分裂成两条的物种起源，而是两条谱系结合成一个。这也不是孟德尔和摩尔根所描述的遗传学，因为这种遗传活动发生在细胞质中，遵循的规则也与细胞核中的基因不同。当时，细菌大多被认为是导致动植物疾病的病原体，而不是关键结构的来源。

不管这个理论是不是过于惊世骇俗，林恩都被其中的可能性所吸引。她曾在文献中看到过，一些藻类的某些特征不是通过典型的孟德尔遗传方式遗传的，而是依赖于细胞质中的因素。线粒体或叶绿体会携带遗传信息吗？如果携带的话，它们是从哪里得到这些信息的？

碰巧，麦迪逊是一个好的起点，因为普劳特和里斯也对细胞器很感兴趣。在实验室的第一年，林恩和普劳特给他们饲养的变形虫喂食了一种放射性DNA前体（胸腺嘧啶）。然后，他们将细胞固定在载玻片上，将它们置于黑暗中，并在表面覆盖一层含银的感光乳剂来追踪放射性物质积聚的位置。77天后，等到乳剂完全曝光，他们在显微镜下观察银粒——也就是胸腺嘧啶的位置。

正如预期的那样，胸腺嘧啶聚集在DNA的细胞核中，但也出现在了细胞质中。他们认为，这是由于胸腺嘧啶与细胞质中的DNA结合在了一起。这有力地证明了DNA的合成也会发生在细胞质中，但他们不知其原因。

林恩对在麦迪逊的日子的其他方面也很满意。1959年，她按时生下了第一个儿子多里安，1960年她完成硕士学位时又怀上了第二个儿子杰里米。卡尔获得了一份声望极高的奖学金，准备去加州大学伯克利分校，于是林恩也申请了那里的遗传学博士项目，并被成功录取。他们一家准备迁往西部。

学术种族隔离

卡尔一心扑在包括前往金星的水手2号任务和向平流层发射气球等几个项目上，而林恩则继续探索细胞器可能的共生起源。

当时，人们已经认识到原核生物（prokaryote）和真核生物（eukaryote）之间的基本区别。原核生物是指没有细胞核、线粒体或叶绿体的单细胞生物，如细菌和蓝细菌，它们不通过有丝分裂进行增殖。真核生物的细胞含有细胞核及线粒体、叶绿体（在真核藻类和植物中）等细胞器，它们通过有丝分裂进行增殖。在英语中，"prokaryote"中的"pro" 暗示着这些较简单的细胞是更复杂的真核细胞的进化前体。然而，这两种形式细胞之间的差异似乎是进化中最大的不连续性。例如，虽然我们可以设想鱼类的鳍是如何逐渐演变成后代的四肢的，但很难想象原核生物如何逐渐积累真核生物特有的所有结构和其机制。

林恩意识到，她需要非常广泛的背景知识来解决这个问题，不仅仅是遗传学和动物学，她还需要对生命的进化历史有深入的了解。这是一个古生物学占主导地位的领域。令她沮丧的是，她发现遗传学系的学者们很少讨论进化，细菌学家对遗传学也知之甚少，研究进化的古生物学系更是和其他系之间没有联系。她对这种"学术种族隔离"的程度感到震惊。

林恩必须自己将各种线索连接起来。她的大部分研究不是在实验室，而是在图书馆进行的。在收集各种植物和藻类的细胞质（非核）遗传的证据时，她看到了一篇关于一种酵母菌的突变体缺乏线粒体呼吸的文章，这为细胞器可能含有自己的基因提供了更多的证据。她也很高兴可以从以前的导师普劳特和里斯那里得到出色的显微镜研究成果。

作为世界上最顶尖的显微镜专家之一，里斯擅长使用高倍电子显微镜，以前所未有的细节来揭示细胞结构。1962年，他和普劳特将显微镜对准了莫威斯衣藻（*Chlamydomonas moewusii*），发现了其叶绿体中含有DNA。他们还注意到叶绿体和蓝细菌（一种原核生物）在光合作用机制上的相似之处，以及与细胞器相关联的蛋白质合成核糖体的存在。他们这样写道：

　　我们认为这种组织上的相似性不是偶然的，而有一定的历史渊源……随着细胞器和自由生活的生物的超微结构的相似性的证明，应该认真考虑内共生作为复杂细胞系统起源的一个进化步骤的可能性。

　　次年，一个瑞典研究小组在线粒体中发现了类似的DNA微观证据。没人知道这些细胞器DNA从何而来，但内共生起源似乎是个不错的解释。然而，林恩却因家庭纠纷而无暇顾及这些令人感到鼓舞的发现。

　　卡尔参与了太多的项目，并经常出差。就算他在家的时候，也根本不参与育儿或其他任何家务。林恩负责从吃饭到遛狗的所有事情，同时还要抚养两个孩子和参与博士的研究工作。她对此感到厌倦和疲惫。随着家庭矛盾升级，林恩决定结束这段婚姻。卡尔试着劝说她，但这一次他优秀的口才没有产生效果。

合成

　　卡尔收到了哈佛大学的聘书。尽管林恩还没有拿到博士学位，但她还是决定搬到波士顿，这样孩子们就能离他们的父亲近一些。为了继续她的研究，她在布兰迪斯大学的一个实验室工作。在伯克利，她曾尝试用她和普劳特在威斯康星大学使用的放射性胸腺嘧啶，在另一种单细胞光合真核生物纤细裸藻（*Euglena gracilis*）中定位DNA，但没有成功。在布兰迪斯，林恩发现了一种不同的碱基：

鸟嘌呤，它可以很容易地与细胞核DNA和细胞质DNA结合。这一发现为叶绿体中存在DNA提供了又一有力的证据。

不过林恩面对的更迫切问题是如何维持生计，她在波士顿大学找了个兼职讲师的工作，但不稳定。她的实验工作足以让她获得博士学位，但在细胞器起源的问题上，她的研究既不是原创，也不那么有说服力。她可能无法凭借这些研究获得终身教授的职位，而且她还要独自一人照顾两个年幼的孩子。

真核生物的起源是一个巨大的谜团，尽管面对种种困难，她还是下决心要解开这个谜题。她决定尝试将之前所有关于内共生关系的想法和证据整合起来。她敏锐地意识到真核生物细胞器的内共生起源假说并不新颖，几十年来，许多人都提出或支持过这个观点。但是没有人根据已知的生命和地球的历史整合所有的新证据，也没有人提出如何进一步验证这个观点。

林恩提出了一个设想：一系列的内共生事件导致了真核生物的出现。1966年新发现的化石将当时已知的生命史追溯到了大约31亿年前，并认为真核生物首次出现在大约8亿年前（此后生命史又向前追溯到大约35亿—38亿年前，真核生物首次出现被认为是在20亿年前）。林恩强调了在真核生物出现之前，原核生物主导着漫长的生命史。她提出，第一个内共生事件是一个原核生物先获得了原线粒体，又获得了光合作用的能力，最终演化成了藻类和植物中的叶绿体。

林恩的设想在很大程度上依赖于最新的细胞学研究，这些研究表明：（1）线粒体和叶绿体都含有特定的DNA和RNA；（2）两个细胞器都是具有自我复制能力的结构，每种细胞器都来自于一个已存在的细胞器，而不是从零开始组装而来；（3）每个细胞器都包含一个遗传系统，该遗传系统独立于细胞核，并且至少在一定程度上负责细胞器的功能。

基于这些证据，林恩认为内共生体起源于曾经能够复制自己的DNA和合成自己的蛋白质的自由生物。她认为真核细胞应该被视为多种生物历史的融合体。此外，她预测细胞器DNA包含来自这些内共生体的遗传信息，例如，在蓝细菌和叶绿体DNA之间有可能有共同的基因。

林恩提交了论文，但遭到了拒稿。她又提交了一次，但再次被拒稿了……就这样一次次地投稿，又一次次地被拒稿。最终，在被拒稿大约15次之后，这篇50页的论文终于被《理论生物学杂志》接受，并于1967年发表。

人们对这一理论的反对至少来源于两个方向：一些生物学家认为，在生物进化史上，如此重要的结构不可能是通过不同谱系的合并整体遗传下来的，而是像达尔文进化论描述的那样，通过许多中间步骤在一个谱系中逐渐进化出来；另一种反对意见则与现有证据的强度有关：这样一种非同寻常的说法需要强有力的证据来支撑，一些生物学家认为现有的证据不能排除真核生物及其细胞器是由原核生物祖先逐步进化而来的可能性。尽管有这些反对意见，林恩关于内共生理论的论文还是引起了广泛关注，并为自己赢得了波士顿大学的终身教职。1967年，她再婚嫁给了晶体学家托马斯·马古利斯（Thomas Margulis），并将自己的姓氏从萨根改为马古利斯。

1969年，林恩怀孕并生下了女儿珍妮弗，由于健康原因她不得不待在家里。这种强制性的休假也使她第一次能不受干扰地长时间思考。她利用这段时间将她的196篇论文扩充成了一本配有大量插图的书，名为《真核细胞的起源》（*Origin of Eukaryotic Cells*）。林恩熬了许多夜，赶在合同截止日期之前完成了书稿，把手稿和插图小心翼翼地打包寄给了出版商。

之后，她便一直等待着，五个月过去了，也没有收到任何回信。最后，包裹被退回，里面只有手稿，没有信也没有解释。林恩最终发现，那些极度负面的评论使得出版社放弃了这个项目。于是她又花了一年的时间修改这本书，最终在另一家出版社出版了。

从叛逆到受人尊敬

推翻之前的既定观念并接受一种新的科学理论是科学进程中的一部分。然而，克服那些合理和不合理的怀疑却是一个漫长的过程。人们接受进化论（第7章）或胃溃疡是由感染造成的（第1章）都靠着大量的支撑证据，以及都花费了大量的时间来消除之前的疑虑。

对于内共生理论也是如此。尽管内共生不是林恩最早提出的，大量的有力证据也都是别人获得的，但林恩发现自己成了这一理论的主要阐释者和捍卫者。她明白反对意见的核心来源：对达尔文所述的物种形成过程而言，内共生理论就像是一场革命。此外，这些事发生在生命历史的早期，当时的环境条件和生物都早已不复存在。

林恩接受了这一挑战。

在任何历史背景下，要想真正证明一系列已发生的独特事件是不太可能的。演化生物学家和历史学家处于同样的逻辑困境中：他们都要处理一系列的复杂且无法再现的事件，并且只能基于自己的假设提出论据，即在所有看似合理的关于历史过程的假设中，有一个比其他假设更有可能正确地描述过去发生的事件。如果可以解释某种假设的证据变多，那么这种假设看起来就会更靠近真相。

想要严格检验该理论并不简单。但在1975年，两组分子生物学家使用最新技术比较了在细菌核糖体和叶绿体中发现的RNA分子（16S rRNA）的结构。他们在两种藻类叶绿体的16S rRNA和光合蓝细菌的rRNA之间发现了极高的相似性。两年后，人们在一种特定类型的线粒体rRNA和细菌rRNA之间也发现了极高的相似性（第10章）。

这些发现分别有力地证明了叶绿体和线粒体起源于细菌共生体。这些都是内共生理论非常有力的证据，因为这些细胞器中的遗传物质似乎都与蓝细菌或是变形菌而不是这种细菌本身更具相关性，这说明这些细胞器来自不同的共生体。这一发现驳斥了细胞器基因可能仅从核基因逐步演化而来的观点，因为在没有内共生关系的情况下，生物的祖先不可能同时是两个不同的细菌谱系。

正如林恩所说，真核生物，特别是真核藻类和植物（包括它们的叶绿体）属于多基因组系统。在新的分子证据的支撑下，内共生理论迅速为人们所接受，林恩也作为这一理论的拥护者和阐释者得到了人们的认可。她从未放弃成为一名作家，所以后来写了许多关于共生和演化的专业和畅销书籍。

2000年在白宫举行的仪式上，林恩·马古利斯被授予美国国家科学奖章，以表彰"她为理解生物的发展、结构和演化做出的杰出贡献，激励了生物学、气候学、地质学和行星科学领域的新研究，以及她作为教师和公众科学传播者的非凡能力"。

第10章　第三种生命

> 我相信总有一天，虽然我活不到那一天，但我们终将看到
> 自然界里每一个种群的最真实的系统树。
>
> ——查尔斯·达尔文，1857年9月26日写给赫胥黎的信

他并不是在寻找一个新的世界。

1966年夏末的一天，印第安纳大学微生物学家汤姆·布洛克（Tom Brock）和他的学生哈德逊·弗里兹（Hudson Freeze）在黄石国家公园的间歇泉和温泉附近散步。他们对附近的池塘中生活着什么样的微生物很感兴趣，并被几个温泉出水口处看起来像是橙色垫子状的结构所吸引。

蘑菇泉是下部间歇泉盆地的一个大水池，他们从那里的泉水中收集了微生物样本，其源头处的温度达到了73℃，这在当时被认为是生命能生存的最高温度。他们从样本中分离并培养出一种微生物，这是一种能在热水中繁殖的新物种，温泉附近正好是它生存的最佳温度。布洛克还注意到在温度更高的泉水周围有一些粉红色的

细丝，他猜测更高的温度下可能还有生命存在。

第二年，布洛克尝试了一种在黄石公园的温泉中"捕捞"微生物的新方法。工具很简单：他把一两张载玻片绑在一根绳子上，扔进水池里，绳子的另一端绑在岸边的木头或一石头上（不过我建议你不要尝试这样做，你可能会被捕，也可能会被烫伤，甚至更糟）。几天后，当取回载玻片时，他看到了大量微生物生长的痕迹，有的载玻片上甚至长出了一层看得见的薄膜。

布洛克的猜测是正确的，生物确实能在比以前认为的更高的温度下生存，但他没有想到这些生物甚至能在沸水中生存。它们不仅能忍受93℃或更高的温度，还能在公园里泥火山区烟雾弥漫、强酸性、沸腾的硫黄塘里茁壮成长。

作为这些非凡微生物的发现者，布洛克有权利为它们命名。他选择了一些一目了然、能反映出这些微生物被发现时所在的极端栖息地的词汇。他将在温泉发现的第一个微生物命名为水生栖热菌（*Thermus aquaticus*），将在硫黄塘中发现的第二个微生物命名为嗜酸热硫化叶菌（*Sulfolobus acidocalarius*），将在印第安纳州高温煤堆发现的第三个微生物命名为嗜酸热原体（*Thermoplasma acidophila*）。布洛克还负责对这些微生物进行了分类，他发现在显微镜下，这些新细菌有着各种各样的大小、形状和整体外观——有长丝状、短棒状或球形。问题来了，它们应该属于哪一类细菌？

布洛克认为这些微生物的生理特征非常独特，不属于任何现存的属（在传统的林奈分类法中，属比种高一阶），并大胆宣布它们每一种都自成一属。

布洛克的惊人发现在很大程度上拓展了生物学家对于生命生存

环境的看法，还引发了一种猜测，即在温泉中发现的这些所谓的嗜热菌，可能是在早期地球较热环境中进化的原始生命的残留，后来演化成了我们更熟悉的细菌。

由于人们对细菌之间的进化关系知之甚少，所以这不过是一种推测。

当时，大多数分类都是基于形态学的。然而，与动植物这种拥有许多可见特征来为大群体进行区别（例如我们可以通过明显的特征区别鱼类、鸟类、爬行动物、哺乳动物）的生物不同，细菌的物理形态范围有限，以至于毫无关联的细菌间也可能有着相似的外观。因此，细菌的谱系分类乱成一团。当时的主流教科书中指出，"在细菌层次上，生物分类的最终目标是无法实现的"。

这项任务太过艰巨，大多数微生物学家都选择了放弃。

但卡尔·沃斯（Carl Woese）没有放弃。

正确的人，完成这项任务

沃斯是伊利诺伊大学的教授，他对细胞生命的进化非常感兴趣。他知道细菌是了解生命早期历史的关键，但由于细菌谱系的混乱分类，他和其他人一样都无法确定哪些物种可能会是研究的关键。沃斯决心打破僵局，并认为自己能找到一种新的方式来解决这个问题。

20世纪60年代，沃斯与弗朗西斯·克里克成为朋友并开始通信。1969年6月，沃斯向克里克透露了他的计划：

亲爱的弗朗西斯：

　　我即将做出一个对我来说非常重要且没有退路的决定，如果你对于这个问题有任何想法，并能够给我支持（主要是精神上的），我将不胜感激。

　　如果我们要弄清导致原核生物（就是那些最简单的生物）细胞进化的过程，我觉得有必要将我们对进化的了解再向前追溯10亿年左右，也就是回溯到真正的细胞进化时期。虽然还不确定，但现在有一种可能性，可以试着利用细胞的"内部化石记录"，即各种基因的初级结构，来实现这个想法。

沃斯花了数年时间研究遗传密码的进化过程和翻译过程。因为这种密码是所有生物共享的，沃斯推断核糖体的翻译机制一定非常古老。他在信中继续说到：

　　这里的关键在于翻译是由谁来完成的……我认为（可能你也是这样想的）与蛋白质相比，RNA有着更大的可能。

　　两种不同的RNA分子，5S rRNA和16S rRNA，都是核糖体的组成部分（"S"是一种随分子大小而变化的测量单位）。沃斯希望这些组成部分的序列可能存留了进化关系的痕迹。已经差不多有20年没做过实验的理论家克里克回信说："我认为这是一个很好也非常重要的项目，但可能很难筹到资金，在尘封的基因序列中找到足够的证据，这更像是一场赌博。"

　　虽然当时还没有技术能够确定RNA分子的完整序列，但已经开发出一种将RNA切分成许多短片段的方法，这些短片段又可以进一步分离成二维图案中的一组斑点（被称为"指纹"）。然后可以使用其他技术来确定各个斑点（短RNA片段）的序列。每个物种都有一个独特的短RNA序列"目录"。

沃斯的计划是对一些细菌和真核生物的RNA目录进行对比，通过这些目录的相似和差异程度来确定它们之间的进化关系。他大致的想法是，RNA序列会随着时间的推移而进化，因此与更远的亲缘相比，亲缘关系更近的物种的目录会更相似。

关键技术的建立和改进花费了几年时间。确定每一个物种的目录也是一个漫长的过程，所以沃斯用了一种流水线方法。每隔一周的周一，实验室会收到大量的放射性磷-32，他们会对其进行处理，并在低磷酸盐的培养基中喂给细胞，这样新合成的RNA分子就会包含磷-32。再将16S rRNA和5S rRNA分离出来，然后酶切生成初始指纹。

分析"指纹"是沃斯的工作。他几乎每天都待在实验室里，每周5天，每天8小时，都在分析光幕前的X光片。沃斯用记号笔标注了那些斑点，并记录哪些点将被分离出来并进行排序。这是一项缓慢而艰苦的工作，他需要全神贯注。有时候，他从实验室走回家时会自言自语："沃斯，你今天又用脑过度了。"

这个过程大约花费了3—4周时间，每个物种的短RNA序列（寡核苷酸[1]）目录都被录入到主记录表中，以便进一步的比较分析。随着物种目录数量的增加，是时候看看这些分子是否真的与远古事件

1　寡核苷酸，一类只有20个以下碱基的短链核苷酸。

有关联了。

分子的历史

沃斯分析的物种越来越多，他已经能够迅速识别出他以前见过的某些斑点。细菌和真核生物很容易通过仅限于每个群体中存在的一组寡核苷酸区分。例如，所有细菌的"指纹"上都有两个斑点。同时也有一些"通用"的寡核苷酸在两个群体中都存在，还有一些寡核苷酸只存在于特定的细菌或真核生物中。

沃斯和他手下的博士后乔治·福克斯（George Fox）从演化的角度对这些目录进行了解释。例如，细菌之间共享的寡核苷酸比与细菌和真核生物之间的更多，这反映出细菌进化树中存在一个明确的根源。同样，真核生物之间共享的寡核苷酸也比细菌和真核生物间多。而通用的寡核苷酸则反映了核糖体RNA（rRNA）在细菌和真核生物的共同祖先中的深远起源。

这些共享RNA序列的模式令人非常满意。他们带来了一种希望：只要rRNA中的信息足够丰富，就可以破译每个群体内的关系，甚至解决其他更棘手的问题，如真核细胞器的家族系谱。

沃斯非常清楚林恩·马古利斯的内共生理论（第9章）及其引发的争议，他首先将目光放在了叶绿体起源的问题上。他的团队从单细胞光合真核生物纤细裸藻中分离出叶绿体，林恩正是在这个物种中检测到叶绿体DNA的。接着，他们分离出16S rRNA，并将其分解形成"指纹"，然后确定纤细裸藻目录中寡核苷酸的序列。他们还从纤细裸藻中分离出细胞质（非叶绿体）的18S rRNA。

他们发现纤细裸藻叶绿体的16S rRNA与细菌的rRNA有着显著的关联，但与纤细裸藻细胞质中的rRNA不甚相关。细菌物种共享许多种寡核苷酸，例如光合细菌共享4个有6个碱基或更长的寡核苷酸（但不与其他物种共享）。纤细裸藻和细菌rRNA之间共享的序列为叶绿体的细菌起源和内共生理论提供了有力证据。

沃斯的前技术员琳达·博南（Linda Bonen）和位于哈利法克斯的戴尔豪斯大学的W. 福特·杜利特尔（W. Ford Doolittle）在一项平行研究中证实并扩展了细菌和叶绿体之间的进化联系。沃斯鼓励博南将实验室的RNA测序过程分享给好友杜利特尔。博南和杜利特尔破译了红藻叶绿体rRNA的寡核苷酸目录，并发现它与细菌rRNA以及纤细裸藻的叶绿体rRNA非常相似。

博南和杜利特尔随后与戴尔豪斯大学的两位同事迈克尔·格雷（Michael Gray）和斯科特·坎宁安（Scott Cunningham）合作，对线粒体rRNA进行研究。他们发现小麦线粒体的18S rRNA与细菌rRNA高度相关，但小麦细胞质中的rRNA则不然。这一分子证据有力地支持了线粒体的细菌起源和林恩·马古利斯的内共生理论。

一种新的生命形式

对沃斯来说，这些开创性的研究都充分验证了他1969年提出的设想，也是对投入大量努力的RNA测序工作的令人满意的验证。但这只是一个开始。除了能够被用于探测物种的深层关系和历史渊源，rRNA还能告诉我们关于生命进化的什么其他信息呢？

沃斯和他的团队继续对更多感兴趣的物种进行分类。他们遇到

的最大阻碍不是破译斑点，而是无法在低磷酸盐培养基中培养非实
验室的或临床常见的细菌。在沃斯尝试过的物种中，有多达一半的
物种无法在标准条件下生长。所以他联系了各方面的专家，他们都
十分擅长在实验室的条件下培养"奇怪的"外来物种。

　　他对一群能产生甲烷的菌非常感兴趣。根据不同的形态特
征，一些文献中将其中单个物种归入了不同的类群中。这些菌有
着同样的生产甲烷的生物化学过程，沃斯怀疑这说明了另一个故
事。幸运的是，他在印第安纳州的同事拉尔夫·沃尔夫（Ralph
Wolfe）是研究这类菌的专家，他同样渴望看到它们的rRNA可能揭
示的信息。沃尔夫和他的学生比尔·巴尔奇（Bill Balch）找到了
一种在加压瓶中安全培养产甲烷菌的方法（甲烷具有爆炸性），
乔治·福克斯和巴尔奇从热自养甲烷嗜热杆菌（*Methanobacterium
thermoautotrophicum*）中提取了放射性标记的rRNA，大家将之简称
为Delta H。

　　1976年6月11日，沃斯像往常一样开始检查RNA"指纹"，但
这次斑点图案与平常不太一样。他立刻就注意到所有菌的两个小斑
点都不见了。他又寻找了几种细菌所共有的特征标记，但也没有找
到。但并不是所有的寡核苷酸都消失了，还有一些细菌寡核苷酸、
真核生物寡核苷酸，以及一些细菌和真核生物所共有的寡核苷酸
存在。

　　沃斯被难住了。这是什么rRNA？它既不是细菌的，也不是真核
生物的。

　　后来他恍然大悟。也许世界上有某种既不是细菌也不是真核生
物的生物？也许是两者的远亲，之前没有人意识到它的存在？沃斯

跑去告诉乔治·福克斯，福克斯也认为这可能是一种新的生物……或者，是生物学中尚未知晓的生命形式。

但它也可能只是一种非常奇怪的物种。在没有更多证据的情况下，他们不能轻率地宣布这个疯狂的观点，所以他们又对第二种产甲烷菌进行了研究。这种产甲烷菌中也缺少细菌寡核苷酸。他们又花了6个月的时间编制了另外5种产甲烷菌的目录，这5种产甲烷菌都是已经被描述过的物种。令他们非常高兴的是，这些试验结果都在表明同一件事：它们的目录都既不属于细菌，也不属于真核生物。而且，它们确实都共享一个独特的寡核苷酸——这表明它们彼此之间有密切的亲缘关系。

如果这些产甲烷菌不属于两个主要的生命分支（原核或真核生物），而是第三种生命形式，沃斯和福克斯断定，这个第三分支肯定还有其他成员。此外，就像所有细菌和真核生物都具有的关键特征一样，应该有一些（除rRNA序列之外的）关键特征，可以将第三个分支与其他两个区分开来。沃斯和福克斯苦苦思考，会是什么特征呢？

沃斯发现有一种产甲烷菌的细胞壁与细菌的细胞壁非常不同，还有一类被称作嗜盐菌的生活在高盐环境中的微生物也有着类似的特征。沃斯培养了一种嗜盐菌并检查了它的rRNA。它也缺乏细菌的寡核苷酸，但与产甲烷菌有相同的序列，这表明它属于同一新分支。

在这些新证据的支持下，沃斯和福克斯准备公开这一具有深远影响的发现——生物不是生物学家们几十年来所认为的有两大类群，而是有三大类群：（1）"真细菌界"由所有典型细菌组成；

（2）真核生物，即所有有细胞核的生物；以及（3）这种新的，被他们称为"古细菌"（Archaebacteria）的类群。"古细菌"这个术语表示他们怀疑产甲烷菌群似乎很适合早期地球的环境。

美国国家航空航天局（NASA）和支持沃斯研究的国家科学基金会（National Science Foundation）联合发布了一份新闻稿，宣布了古细菌的发现。媒体对此很感兴趣，"第三种生命"的故事很快登上了《纽约时报》的头版。

但科学界却对此表示沉默。很多人反对这个新颖激进的想法，沃斯遭遇了与林恩十年前所经受的一样的抵制。他的同事沃尔夫甚至接到了一位已获诺贝尔奖的微生物学家的电话，他警告沃尔夫应该远离沃斯，因为第三种生命形式就是"胡说八道"。

沃斯面前有很多怀疑和保守意见。首先，许多科学家对使用rRNA来破译进化关系的方法并不熟悉。其次，有些人不太相信一个分子能够可靠地记录过去。一些人认为，仅凭一个分子就得出如此重大的结论是有风险的。再次，当时盛行的、根深蒂固的观点是，所有的细菌都属于一个群体（原核生物）。就像大多数革命性的新思想一样，消除这些疑虑和改变人们的思想需要更多的证据和时间。

古细菌与真核生物的起源

沃斯通过研究更多的物种来寻找更多的证据。他认为在适应极端环境的微生物，如产甲烷菌和嗜盐菌中，可能会发现更多的古细菌。他将目光转向了布洛克发现并描述的嗜热菌。果然，嗜酸热硫化叶菌和嗜酸热原体具有古细菌的rRNA特征。古细菌存在的证据越来越多。

古细菌的特征列表也是如此。其他研究人员在其膜中发现了一种独特而不寻常的脂质，它们的RNA聚合酶的结构也与细菌的完全不同。

随着古细菌种类和特征越来越多，沃斯和其他研究人员越来越确定，这是第三类生命形式。然而他们意识到，这个类群的名字上还包含着"细菌"这个词，这会使许多科学家一直将其与细菌混为一谈。沃斯、奥托·坎德勒（Otto Kandler）和马克·维里斯（Mark Wheelis）建议将其更名为"古菌"（Archaea），该群体与真核生物和细菌一起构成了生命的三个"域"之一。

古菌（以及古细菌）这个名字中的"古"（"Archaea"来源于希腊语，是古老的意思），是因为沃斯长期以来认为这是一个古老又原始的类群。如果这是真的，那么更为深入的研究可能会揭示出一些生命演化的线索。实际上，对古菌的初步研究发现，一些古菌和真核生物之间有一些惊人的相似之处。古菌用来将DNA包装在染色体中、转录DNA和解码RNA信息的蛋白质与真核生物相似，这使得一些人认为真核生物是从某些古菌进化而来的。其中最引人注目的相似是，在某些古菌和真核生物之间有同样的蛋白质的简短"签名"序列，而其他类群间则没有这种相似性。例如，一种参与解码的信使RNA的蛋白质中有11个短氨基酸，在不同的真核生物和古菌中的插入序列如下：

真核生物		古菌	
生物	插入序列	生物	插入序列
人类	GEFEAGISKNG	硫化叶菌	GEYEAGMSAEG
酵母	GEFEABISKDG	布氏热网菌	GEFEAGMSAEG
番茄	GEFEAGISKDG	极端嗜热菌	GEFEAGMSEEG

这种序列存在于生命的两个域中，而不存在于第三个域中，最合乎逻辑的解释是古菌和真核生物彼此之间比与细菌更有更近的亲缘关系。对于生命起源的故事而言，这意味着三个域的共同祖先分化为两个域，细菌和古菌，随后真核生物起源于古菌的一个分支。

然而，对真核生物基因组的测序表明，许多真核生物基因与细菌的关系比古菌与细菌的关系更密切。这就引发了一种很大的可能性，即第一批真核生物是古菌和细菌亲本的融合产物。曾经脆弱的真核共生起源学说现在有了一个非常具体的谱系。

沃斯关于古菌既古老又对生命起源故事至关重要的直觉得到了证明。他开创性的分子研究不仅彻底改变了进化关系的研究，而且正如他的朋友和古菌爱好者奥托·坎德勒（Otto Kandler）所说："他打开了一扇门，谁也没想到会存在第三种生命形式。"

所以，你在去参观宏伟的黄石公园时，不要对那些热气腾腾的、散发着熏天臭气的水池置之不理，也不要对池边渗出的黏液和垫状结构感到恶心。不管亲缘关系的远近，这都不是对待"祖先"应有的方式。你和这个类群的成员共享数百个基因，这是个惊人的事实。而在很久以前的某个地方，也许是深海热泉口，所有我们现在能见到的、熟悉的生命的祖先在一阵"甲烷喷嚏"中出现了。

第11章 石器时代的女王

人是能制造工具的动物。

——本杰明·富兰克林

进入山洞的通道又长又窄。12岁的玛丽·尼科尔（Mary Nicol）手脚并用地爬行，她的身材纤细，可以挤过低矮狭窄的空间。她的母亲塞西莉亚（Cecilia）和她们的向导阿贝·莱莫滋（Abbe Lemozi）提着灯，给她照路。早在几年前，也就是1922年，两个十几岁男孩在阿贝的卡布雷雷特村附近发现了佩什梅尔洞穴，它是法国西南部众多史前岩石避难所和洞穴之一。

进入这个洞穴非常困难，它并没有对公众开放。塞西莉亚的头被洞壁划了个口子，开始流血，但罕见的发现使三人极为兴奋。经过长时间爬行，通道的尽头是一个洞穴，他们的坚持得到了回报。墙壁和巨石上画满了野牛、猛犸象和身上有斑点的马，画面的周围还有一些艺术家自己的手印。玛丽被迷住了，她想知道这些艺术品的年代，以及这些画家所处的世界。

正是玛丽的父亲厄斯金（Erskine）让玛丽去法国著名的洞穴里发掘宝藏。在莱塞济（Les Eyzies）附近，他和玛丽得到了考古学家的允许，对成堆废弃的瓦砾进行筛拣。在碎石堆里，玛丽发现了一些古老的工具，这些工具的尖头和刮铲都是用来清理兽皮的。

玛丽的父亲厄斯金是一位才华横溢的职业风景画家。他的工作决定了这个家庭波西米亚式的生活方式。大部分时间他们一起在意大利、法国或瑞士旅行，然后去伦敦将画作卖出。不断旅行意味着玛丽没有接受正规的教育，但这对她来说不是问题。她学会了意大利语和法语，并利用每一个机会参观洞穴，成为家里主要的石器收藏家。

玛丽一直非常崇拜她的父亲并相信他是"世界上最好的人"。但当她13岁时，这些机会以及这个家庭快乐的"流浪"生活戛然而止。父亲的突然生病去世让玛丽伤心欲绝。

玛丽该怎么办？

尼科尔一家手头一直并不富裕。如今养家糊口的人走了，玛丽的母亲决定回到英国。但问题是该如何处理玛丽的教育问题。

玛丽最终去了伦敦的一所修道院女子学校，或者更确切地说，是一系列的修道院女子学校。玛丽因其不寻常的成长经历，对学校的限制或特定的科目感到非常不适应。她因为经常躲在锅炉房里，并拒绝在集会上大声朗读诗歌而被第一所学校开除。在第二所学校里，她在教室里假装发病，甚至用一块肥皂来假装口吐白沫。如果说这个恶作剧还不足以让她被开除，但在化学课上引发一次巨大的爆炸怎么说也足够了。玛丽后来说："至少我以一种轰轰烈烈的方式结束了我的学校生涯。"

玛丽的母亲不得不放弃让她接受正规教育的希望，但玛丽对考古和艺术的兴趣依然存在。17岁时，她参加了考古学讲座，并在大学学习了一些课程。由于玛丽从未通过任何一门学校考试，她没有机会进入大学或获得学位。她需要接受一些更专业的职业培训，对于考古学来说，这意味着她需要真正的实地考察经验。

玛丽给她认识的所有正在进行考古挖掘的人写了信。大多数人都礼貌地拒绝了她，但多萝西·里德尔（Dorothy Liddell）为她提供了一个在英格兰南部考古挖掘点的助理职位。里德尔很欣赏玛丽的职业素养，并请她为出版物绘制一些出土文物的图画。这段经历让玛丽大开眼界，不仅仅学到了必要的实地考察技能，还让她认识到在1930年，一名女性也可以主持考古挖掘工作，且真正地被视为一名考古学家。甚至，不只是一名女性，因为里德尔把玛丽介绍给了格特鲁德·卡顿-汤普森（Gertrude Caton-Thompson）。格特鲁德是英国著名的研究埃及的学者，曾在尼罗河以西的沙漠中发现石器。她对玛丽的绘画作品印象深刻，所以请玛丽为她的一本有关埃及的书画绘制插图。

作为回报，格特鲁德又把玛丽介绍给了一位崭露头角的考古学家，这位考古学家正在寻找一位画家绘制他的一些发现。路易斯·利基（Louis Leakey）曾因在东非领导探险活动而登上新闻头条。格特鲁德把玛丽作为她的客人带到了路易斯经常在伦敦举办的讲座上，并安排她在随后的晚宴上坐在他旁边。这次相遇很快改变了他们的生活，并最终改变了人类的故事。

寻找工具制作者

路易斯·利基出生在肯尼亚，是一个英国传教士家的孩子，他认为自己更像基库尤人而不是英国人。尽管路易斯是大多数基库尤人见过的第一个白人婴儿，但他还是受到了他们的欢迎。当他还是个孩子的时候，就学会了基库尤人的生活方式。他被部落接纳为兄弟，学会了如何投掷长矛、挥舞战棒，以及追踪、狩猎和用陷阱捕获野生动物。

一本简单的儿童读物激发了路易斯的兴趣，甚至对他未来的兴趣产生了极大的影响，这本名为《历史之前的日子》的书是他从英国亲戚那里收到的圣诞礼物。书中讲述了石器时代一个名叫提格的小男孩的故事。石器时代的燧石箭头和斧头的图画深深吸引了路易斯。他相信石器时代的人一定也生活在他所居住的肯尼亚地区，于是开始收集与他在书中所看到的燧石工具相似的岩石碎片。他的家人因此嘲笑他是"捡破烂的"。

一天，路易斯胆怯地向一位来家里的客人展示他的收藏品，这位客人是内罗毕自然博物馆的馆长。馆长证实他收集的石头里有一些确实是古代工具。在听到馆长解释说肯尼亚石器时代的文化会使用黑曜石（一种玻璃状的火山岩）制造工具时，路易斯非常激动，因为在东非找不到别的地方常用于制造工具的燧石。路易斯痴迷于收集石器。他了解到人们（尤其是东非的人）对石器时代知之甚少。13岁时，他便下定决心，这将是他一生的追求。

17年后，路易斯确信这些工具是揭示科学界最大的谜团之一——人类起源的线索。他认为，就像达尔文所推理的那样，我们与大猩猩和黑猩猩的相似性比其他类人猿更高，人类很可能是从我们与大猩猩和黑猩猩的共同祖先进化而来的，而这种进化发生在非洲。

然而在20世纪30年代初，因为在印度尼西亚和中国发现了原始人类化石，大多数科学家认为亚洲是人类的诞生地。但是路易斯相信，他在东非发现的无数原始工具证明了人类在非洲拥有更早的历史。他决心通过找到制造这些工具的祖先的遗骨来证明这一点。他即将出版的著作《亚当的祖先》将有助于支持这个论点。

在晚宴上，玛丽同意帮忙给这本书绘制插图。在接下来的几个月里，两人经常见面。虽然路易斯比玛丽大10岁，并且已经结婚生子，但玛丽还是被路易斯所吸引——他自信、热爱野外实地考察工作，还与野生动物十分亲近。尽管玛丽只有20岁，但她不拘一格的成长经历、叛逆的性格、艺术天赋，以及对史前史的热情都让路易斯无法抗拒。令玛丽的母亲、导师和路易斯的父母没想到的是，这两个人相爱了。路易斯向玛丽求婚，玛丽欣然接受，并加入了他的下一次探险，她也爱上了非洲。

奥杜威

在1935年，到达非洲丛林，就相当于完成了一半的冒险。

玛丽乘飞机抵达坦桑尼亚的莫希，和路易斯在那里会合，他们一起长途跋涉前往塞伦盖蒂平原边缘的奥杜威峡谷，这是路易斯考察过的最有希望的化石遗址之一。为了到达那里，他们需要经过森林覆盖的恩戈罗恩戈罗火山口斜坡，这是一个巨大的死火山口。这条路（如果可以称之为路的话）是最近才建成的，它沿着一连串的盘山弯道上升了600米，到达火山口的边缘。走完这条25公里长的泥泞道路需要花费两天半的时间。

在稍作休息和清理之后，两人继续前往奥杜威和塞伦盖蒂平原。玛丽第一眼看到的景象就给她留下了难以忘怀的印象，那是她未来的家：

> 从恩戈罗恩戈罗到塞伦盖蒂平原……我第一次被这幅景象迷住了，自此这幅景象对我来说比世界上任何其他地方的景色都更有意义。当我们越过火山高地开始下山时，突然看到了塞伦盖蒂平原，平原像大海一样向着地平线延伸，在雨季是一片广阔的绿色，在其他季节则是金色的，渐渐地又会褪成蓝色和灰色……前景是破碎而崎岖的火山岩和平顶金合欢树，地势陡峭地坠入平原。在平原上可以看到小山丘……规模如此之大，以至于人们无法分辨出最大的山丘有多高。在这里还可以看到奥杜威峡谷，两条狭窄的暗线汇合在一起，因距离和扰流被虚化，浅浅勾勒出主峡和侧峡的线条……无论雨季还是旱季，无论在炎热的白天，还是在傍晚驾车驶向日落，我都不会厌倦。景色总是相似而又不同的。

路易斯和玛丽在奥杜威峡谷里穿行了3个月，有时甚至还需要爬行，在每一寸土地上寻找史前工具、工具制造者或其他化石的线索。每一个裸露的山坡或沟壑都蕴藏着某种考古或地质宝藏，比如一个精致的猪头骨，一群类似瞪羚的遗骸，以及巨大的大象遗骸。

据当地马赛人透露，附近有一个叫莱托利的地方，那里有许多"像石头一样的骨头"。经勘探，他们确认了那里有丰富的化石，也有许多动物栖息在那里。尽管路易斯警告过玛丽不要随便独自行动，但有一天早上玛丽还是差点踩到一头正在熟睡的母狮。她后来说："她和我都被吓了一跳，然后我们朝相反的方向逃跑了……徒步遇见一只母狮并没有听起来那么糟糕，除非它带着幼崽。"

在如此偏远的地方获取和维持物资供应是非常大的挑战。他们不得不从峡谷取水，而那里的水通常很少。玛丽发现雨水还算适合饮用，只是有点浑浊。不过，一旦水被放置了一段时间，并被野生动物使用后，"那就变得令人很难以接受，因为许多动物，比如犀牛，经常在水坑里小便。我们试图用木炭过滤这些水，但没有成功，所以我们的汤、茶和咖啡都有犀牛尿的味道，这让我们始终难以习惯"。

虽然他们没有发现古人类的遗骸，但发现了许多的工具，包括许多令人印象深刻的手斧。路易斯很有信心，他在每月的野外报告中写道："我仍然相信，在奥杜威的某个地方，我们迟早会发现那些制造了这些工具的人的化石遗骸……这里有着如此丰富的工具。"

离开峡谷后，路易斯带玛丽去了孔多阿（Kondoa），那里的众多岩洞上有许多壁画。玛丽被画中美丽的人和动物迷住了，并临摹了许多图案。具有艺术气息的岩石、壮观的风景、美丽的野生动物、令人神往的当地人——似乎整个大陆都"向她施了魔法"。

在这次愉快的旅行之后，路易斯和玛丽回到英国并结了婚，还策划了他们下一次前往非洲的冒险之旅。

石器时代的工厂

当利基夫妇再次返回肯尼亚时，他们几乎一分钱都没有了。为了能够继续在野外工作并在东非生活，他们需要一些经济来源。路易斯当时已经是一位多产的作家，他决定写一部关于基库尤部落的历史的书。而玛丽只想进行考古挖掘，只要是考古她都可以接受，不在乎其年代和地点，她对所有东西都很感兴趣。因此，她只身奔向纳库鲁地区的几个遗址。

他们的角色发生了变化。路易斯更多的时候都在写作和演讲，并在肯尼亚一家博物馆担任行政职务。这解决了他们考古的费用，并为他们的收藏品提供了存放空间。玛丽热爱野外工作，享受着考古挖掘的每一天，住在灌木丛中的草屋里也满足了她的冒险精神。玛丽很快证明了自己是一位非凡的考古学家，她比路易斯更有条理、更一丝不苟。令人惊讶的是，仅在一条挖掘沟中，她就找到了75 000多件石器时代晚期的工具，并对其进行了分类。

为了安全起见，她养了一只斑点狗，她非常喜欢这个品种，从那天起，她就离不开这只狗了。她还爱上了威士忌和古巴雪茄，这些都是漫长的工作日后的小小奖励。

后来，他们有了孩子。长子乔纳森出生于1940年，路易斯和玛丽只能缩短进行野外调查的时间。1942年复活节的那个周末，他们前往内罗毕西南约50公里的奥洛吉萨莱。20年前，该地区就曾出土过一些工具，但他们不清楚其细节和位置。路易斯、玛丽和一些工作人员一起在白色沉积岩上展开研究。几乎在同一时刻，他们一起呼喊了起来。玛丽不停地叫路易斯赶快过去看看她发现了什么。他标记了自己的位置后向玛丽走去。路易斯说："当看到她发现的东西时，我几乎不敢相信自己的眼睛。在一块15米×18米的区域内，有成百上千把完好的、非常大的手斧和刀。"玛丽认为这个场景看起来就像工具制造者刚刚离开这个地方一样。路易斯猜测这个"工厂"遗址至少有12.5万年的历史，这一数字曾被认为太大了（但之后的放射性定年法表明该遗址的年龄超过70万岁）。

这一场景非常令人震惊且印象深刻，他们决定保留其大部分原貌。奥洛吉萨莱遗址后来修建了一条步道，并于1947年作为博物馆开放，这里至今仍是一座国家博物馆。

经过精细而详尽的挖掘工作，他们逐层揭示了工具、动物骨骼，以及一些可能曾经存在过的遮蔽处的一排排石头。不过，尽管奥洛吉萨莱遗址到处都是动物化石和工具，他们还是没有在这里发现工具制造者的遗骸。

猿岛

到20世纪40年代末，利基夫妇在东非寻找人类祖先的努力已经持续了20多年。虽然在奥洛吉萨莱遗址的发现令人难以置信，但他们仍然几乎没有人类化石材料来证明他们的成果。他们一直在不断地搜寻更古老的沉积物。还有另一种可以考虑的方法：从更早的时间开始挖掘，逐步向前推进。换句话说，寻找类人猿化石也许能揭示灵长类动物树中类人猿和人类分支之间的区别。

人们普遍认为，人类与类人猿有很大不同，二者分化时期应该追溯到距今大约2300万年前的中新世。路易斯此前访问维多利亚湖的鲁辛加岛时发现过许多中新世化石，他认为如果试试对这个地方进行考古挖掘，也许会有更好的收获。

于是全家出动，包括两个孩子，8岁的乔纳森和4岁的理查德。鲁辛加岛成了利基夫妇圣诞假期最喜欢去的地方，至少对孩子们来说这是一个假期。玛丽把孩子们的被褥放在皮卡后面的板条箱上，做成一张床铺，让孩子们在上面休息。他们要在日出前就出发，前往东非大裂谷和更远的地方。这一天他们要开600多公里的车，到维多利亚湖边的基苏木，然后连夜乘船登上鲁辛加岛。

一家人住在船上，白天在岛上探险。男孩们去钓鱼、和当地的孩子们玩耍、偶尔还会帮着一起寻找化石并以此为乐。6岁时，理查德发现了他的第一个战利品：一只完整的某种已灭绝猪的下颚。和很多地方不同，只要不介意鳄鱼，这里有足够的淡水可以洗澡。他们的家庭惯例是路易斯先向水中开几枪，他认为这样可以保证15分钟的安全，然后全家一起跳入水中。

下午，路易斯经常带孩子们一边散步一边寻找化石。他带领孩子们辨识鸟类和蝴蝶，教他们如何偷偷接近野生动物，如何用石头做工具，如何用木棍摩擦生火。两个孩子非常珍惜这些冒险的经历，都成了狂热的博物学家。

对于玛丽而言，"无论是活鳄鱼还是化石鳄鱼，她都不在乎"。她要去寻找更有趣的东西。有一天，她看到一些露在外面的骨头碎片，有一颗牙齿从斜坡上突出来。她有些希望但不确定。"难道是……？"她喊了喊路易斯，他跑了过来。在刷掉牙齿上松散的沉积物之后，一个下颚露了出来。更令人高兴的是，很明显这个生物的脸部相当完整。

这是迄今为止发现的第一个类人猿头骨化石。这是一个伟大的发现，但首先必须把它组装起来。玛丽用了很长时间才把30多个独立的头骨碎片拼在一起，有些碎片只有火柴头大小。她和路易斯是第一批看到这只被称为原康修尔猿（Proconsul）的动物的长相的人。

当路易斯把发现的消息传开后，他们的英国同事们也迫不及待地想亲眼看看这个头骨。路易斯认为，作为头骨的发现者，应该由玛丽把它带回英国。

原康修尔猿化石和玛丽都得到了贵宾待遇。航空公司为她提供了免费航班，化石在一个盒子里，被她一路放在腿上。当玛丽到达伦敦希思罗机场时，媒体已经聚集在那里。他们要求玛丽在舷梯上摆好姿势拍照。令玛丽大为惊讶的是，她和这个化石成了头条新闻。玛丽并不习惯受到这种程度的关注，她将头骨交给了牛津大学继续进一步研究，然后返回了非洲。

虽然玛丽已经尽力避免公众关注，但除去科学价值之外，原康修尔猿化石还带来了一个非常重要的实质性回报：它为利基夫妇带来了关注和资金，使他们能够继续挖掘工作。不仅是在鲁辛加岛，还有后来的奥杜威。

亲爱的男孩

尽管路易斯和玛丽曾对奥杜威进行过考察，但他们没有进行正式挖掘。原因有二：首先，峡谷非常大，有选择地挖掘非常重要，他们之前已经对长约300公里，深度从15米到90米不等的区域进行了探索，但还有许多可能存在化石的地方；其次，他们的资金一直很紧张，需要做其他工作来维持生计。

原康修尔猿头骨成功引来了拨款和捐助者。查尔斯·鲍伊斯（Charles Boise）是捐助者之一，他是一位对史前历史有着浓厚兴趣的伦敦商人，曾为鲁辛加岛探险队提供了部分资金，现在又承诺资助利基夫妇7年。多亏了鲍伊斯的慷慨，他们下定决心在奥杜威进行考古挖掘，以期找到早期人类的化石。

整个20世纪50年代，考古挖掘工作几乎每年都在进行，主要集中在二号岩层（Bed II），这是一个海拔较低的遗址，曾出土11 000多件文物和大量大型哺乳动物化石，这些化石保存得异常完好。例如，他们发现了佩罗牛（一种巨大的类水牛动物）的完整头骨，其角跨度超过1.8米。此外，他们还发现了一堆佩罗牛的骨头，它们应该是被当时在那里的居民使用工具宰杀的。然而，古人类本身却像幽灵般难以捕捉，在7年的时间里他们只发现了2颗牙齿化石。

1959年，他们把注意力转向了一号岩层（Bed I），这是奥杜威最古老的岩层。7月17日的早晨，玛丽独自外出勘探，路易斯因病留在营地。玛丽看到地面上散落着很多东西，一块凸出来的骨头碎片引起了她的注意，它看起来像一个原始人类的头骨的一部分。她小心地刷掉了一些沉积物，看到了上颚的两颗大牙齿。玛丽之前已经发现了一个原始人类的头骨，她猜测这肯定也是古人类的。她跳上她的路虎开回营地，大声喊道："我找到了！我找到了！我找到了！"

路易斯问道："找到什么了？你没有受伤吧？"

玛丽脱口而出："他，祖先！我们的祖先！就是我们一直在找

图11.1 "亲爱的男孩"，最初被命名为鲍氏东非人（*Zinjantropus boisei*），现在被称为南方古猿鲍氏种（*Paranthropus boisei*）

的那个祖先！快来！"

路易斯来了精神，和玛丽一起赶回了现场。路易斯看出那是一个古人类的头骨，而且相当完整。在东非搜寻了24年之后，他们终于找到了"祖先"。他们的喜悦即将与众多古人类学同行共享。

但首先，他们必须完整地挖出并将这颗被玛丽叫作"亲爱的男孩"的头骨拼接起来。这颗头骨大约有400块碎片。像对待原康修尔猿一样，玛丽耐心地把碎片拼凑在一起。这颗头骨有上颚和牙齿、脸的大部分，还有头骨的顶部和后部。用路易斯的话说，他"非常可爱"。

破译这块化石在人类进化过程中所处的位置是一个巨大的挑战，因为可以与之相比的东西相当之少。它与之前在南非采石场和洞穴中发现的所谓南方古猿有一些相似之处。尽管没有一个南方古猿的头骨如此完整，但"亲爱的男孩"和它之间的相似性令人十分困惑。因为路易斯认为南方古猿是进化路径上的一个死胡同，是现代人在进化上的一个分支。此外，并没有发现南方古猿会制造工具的证据。现在，在他面前的是一颗来自有工具的地层的头骨。由于大脑太小，所以"亲爱的男孩"不能被归为人属成员。一个新的名称将有助于使他们的发现与其他人区分开来，他选择将*Zinjantropus boisei*（鲍氏东非人）作为这个物种的正式名，其种加词"*boisei*"是为了对他们的资助人表示感谢。

路易斯立刻给《自然》杂志写了一篇文章，描述了这种新的古人类，并迫不及待地想要将这个消息传播出去。世界各地的报纸都在大肆报道这一伟大发现。路易斯开始了他的巡回演讲，其中包括在伦敦的胜利之夜，以及在全美17所大学的66场演讲。观众们被路易斯讲述的利基夫妇长期寻找古人类并最终成功的故事所吸引。

每个人都在关注鲍氏东非人的年龄问题。我们的古人类祖先可以追溯到多远之前？路易斯告诉观众，他认为鲍氏东非人生活在60多万年前。这个数字是基于对奥杜威沉积岩的研究和对其形成的速率估计得出的。但是在发现鲍氏东非人不久之后，两位地球物理学家通过一种新的钾氩年代测定技术，在鲍氏东非人被发现的位置上方的火山灰岩层测出了175±25万年前这一数字。这非常令人震惊，鲍氏东非人的年龄是路易斯猜测的三倍，有些人认为这是夸大其词。实际上，这些工具和工具制造者比任何人想象的都要古老得多。

发现并确定"亲爱的男孩"的年代改变了古人类学的进程。它引起了所有人对非洲作为人类发源地的关注，这也正是路易斯（和达尔文）所猜测的。这一发现把人类演化的时间框架变成了现实。

这一发现也改变了利基夫妇的生活和工作。

国家地理学会给了利基夫妇有史以来最大的一笔经费，美国公众也为之着迷，并开始支持利基夫妇的研究。在古人类研究上长期的资金短缺结束了，一个全新的古人类学的时代开始了。

三种"人"

第二年（1960年），奥杜威的考古挖掘工作在人们的极大的期待中开始了。路易斯现在忙于公关和博物馆工作，只能偶尔去参观一下。玛丽在斑点狗的陪伴下，带领团队建立了一个永久的营地。这是一项浩大的工程：挖掘工作规模空前，仅在1960年的挖掘时间就超过了此前近30年的总和。

孩子们也长大了许多。20岁的乔纳森在奥杜威工作了几个月。一天，他问妈妈："有什么动物有这样又长又细的骨头吗？"他用手指在空中画出一个形状。玛丽说她想不出来。乔纳森漫不经心地说："哦，那我想它一定是古人类。"玛丽放下手里的活儿，冲过去看看乔纳森在说什么。果然，那是一根古人类的腓骨。后来他又发现了一颗牙齿和一块脚趾骨。玛丽决定对乔纳森的挖掘点进行考古挖掘。

乔纳森在那里发现了两具遗骸，包括一块头骨。虽然离鲍氏东非人的发现点只有不到100米，但发现头骨的地方比鲍氏东非人头骨深了大约30厘米，所以它的年代更久远。这个头骨与鲍氏东非人不同，它的大脑更大，形状更接近现代人类。令人惊讶的是，这次挖掘发现了21块手骨和12块脚骨。毫无疑问，它与鲍氏东非人是不同的物种。路易斯希望这个新发现的物种能比鲍氏东非人更接近人类谱系。拇指和指尖的形状表明这只手有能力制造他们在附近所发现的那些工具。这种新的古人类更接近现代人，被路易斯命名为*Homo babilis*（能人），意为"灵巧、有能力或技能的人"。这意味着在奥杜威有两种古人类。人类的家族树不断拓展壮大，并逐渐清晰。

路易斯仍然在断断续续地参与奥杜威的化石挖掘。1960年末，他和11岁的菲利普还有一位地质学家去峡谷寻找化石。路易斯发现了一个他最初以为是龟壳的东西，他很幸运，这是一个原始人类的头骨。他找来了玛丽，和她炫耀自己的收获。随着后续的挖掘，他们发现这个头骨与"亲爱的男孩"或"能人"都不同，但与亚洲的直立人非常相似。年代测定表明，它比亚洲化石要古老得多，有140万年的历史。这3块化石意味着，在短短几十万年的时间里，有3种不同的古人类在奥杜威生活。

路易斯和玛丽收藏了大量石器时代的工具，发现了已知最古老的原始人，直到路易斯1972年10月去世，他们一直都是古人类学的权威。但即便如此，玛丽的冒险还远未结束。

壁炉架上的东西

玛丽在非洲奥杜威峡谷发掘出了数以万计的文物，包括已知最古老的工具和其他各种各样、大小形状各异的器具——斧头、凿子、刀、刮削器、镐等。早在200万年前，古人类就开始为完成特定目标来制造特定的工具。种种发现不可避免地让人推断，在东非可能存在着更古老的文化。然而，玛丽已经挖掘到了奥杜威化石层的底部，再无挖掘的空间。那些更古老的文化的线索还需要到其他地方去寻找。

1974 年圣诞节期间，玛丽及其团队在距离奥杜威约50公里的莱托利发现了一个古人类的下颌和一些牙齿。经考证，这些化石有330万年到370万年的历史，比奥杜威周围的任何化石都要古老，于是玛丽将她的挖掘重心转移到了莱托利。

　　莱托利是挖掘化石的好地方，但那里的条件比奥杜威还要艰苦。那里到处都是咝蝰，这种蛇是非洲导致人类死亡最多的蛇种之一。有时团队一天就要从营地中清走两条蛇。那里还有不喜欢人类打扰的水牛和大象，它们会追赶考古队员。

　　尽管如此，营地里还是迎来了几位参观者。1976年的一天，约拿·韦斯特恩（Jonah Western）、凯·贝伦斯迈尔（Kaye Behrensmayer）和安德鲁·希尔（Andrew Hill）三位科学家来访，他们在干涸的河床上散步，大象也经常走同样的路，因此一路上有很多炮弹大小的大象粪便，它们在阳光的洗礼下已经变干。韦斯特恩和希尔玩闹起来，开始了一场"大象粪战"。希尔蹲下捡粪便时，发现前方地上有一道凹痕，这让他想起了在意大利庞贝古城灰烬中保存下来的雨痕。他走近仔细一看，发现那个痕迹是一处清晰的动物脚印。玛丽立即指挥团队从寻找化石转向寻找更多的动物足迹，并将它们挖掘出来。后来，他们在那里发现了包括长颈鹿、兔子、羚羊和大象在内的各种动物的足迹。显然，这附近曾经经历过一场在火山喷发后的大雨，新鲜的足迹被固定在原地。这些印记又很快就被火山灰覆盖，完好无损地保存了350万年之久。

　　1978年，玛丽及其团队又发现了一些古人类的足迹。通过挖掘，他们发现了两条平行排列的脚印，印记总长约24米，其中一排的脚印比另一排小，表明这是一个青少年或女性与一位年长者或男性并排行走形成的印记。对于古人类来说，尽管我们可以从腿骨和足骨的形态来推断这个个体是否直立行走，但这些骨骼很难找到，在莱托利也没有发现这类骨骼。玛丽蹲在那里，盯着那些脚印，想象着人类祖先在350万年前直立行走的画面。

非洲把最好的东西为她留到了最后。玛丽在亲自挖掘出一组非常清晰的足迹后，点燃了一支雪茄，一边欣赏着那些脚印一边说道："这真是一件值得放在壁炉架上的东西。"尽管玛丽从未上过大学，也没有接受过任何正式的教育培训，但她在考古学领域开创性的成就和她发现的几块最重要的古人类化石为她赢得了三大洲多所大学的荣誉博士学位。

第12章
很多人身上都有一点尼安德特人的特征

基因就像故事，DNA是故事的语言。

——萨姆·基恩（科普作家）

这一幕有点像冷战惊悚片，又有点像恐怖科幻电影。

那是1983年的夏天，柏林还被分成东西柏林的时代。东柏林是德意志民主共和国（东德）的首都，一个国家就这样被一道155公里长的柏林墙（这堵墙直到1989年11月才被拆除）分隔开来。德意志民主共和国在斯塔西的牢牢掌控之中，边界受到严格控制。任何试图逃离的人都有被枪杀的危险，近年有好几个人因为试图逃跑而被枪毙。

然而，一些西方人却可以随意出入东德。斯万特·帕博（Svante Paabo）是一名28岁的瑞典研究生，来东柏林市中心执行任务，他的目的地是博德博物馆（Bode Museum），它是坐落在斯普雷河中心岛屿上的复合建筑中的几个博物馆之一。40年前，正值"二战"

高潮，苏联军队攻入柏林，占领了博德博物馆。子弹穿墙，炮弹轰顶，几十年过去了，展厅的屋顶上依旧留存着巨大的弹孔。

经过几道安检，帕博被领入了储藏室，馆长向他展示了一排尸体，这正是帕博此次博德博物馆之行的目的。但这些不是普通的尸体，而是保存了千年之久的埃及木乃伊。

没有一个木乃伊是完好的，它们都已经被拆开或遭到破坏。对于博物馆来说，这并不是好的展品，但对于帕博来说却正合适，因为他想要收集它们身上的组织来验证自己一个疯狂的想法：他能否从那些2000—5000年前的木乃伊身上提取到DNA？如果可以，他又能从中得知什么考古学家和埃及学家都不知道的信息？

帕博对自己的东德之行选择了保密，以免让他在瑞典的博士导师认为他是在浪费时间和资源，甚至将他"逐出师门"。

从木乃伊到分子生物学，再从分子生物学到木乃伊

自从13岁时母亲带他去过埃及后，帕博就对古代历史深深着迷。他就读于乌普萨拉大学，立志成为一名埃及学家，但他很快就发现金字塔和法老没有想象中的那么浪漫和有趣。他决定转向医学，并开始攻读免疫系统的分子遗传学博士学位。然而，他对埃及的痴迷从未消退。他继续参加讲座，学习科普特语（基督教时期的埃及语言），与专家们见面并交朋友。他开始学习使用克隆DNA的新技术，想知道DNA取证的技术是否也可以应用于古代人类。

帕博翻阅了所有相关科学文献，但都没有找到任何关于从古生物、人类或其他生物中分离出DNA的报告，所以他决定试一试。他

尝试用实验室烤箱中烤干的小牛肝来模拟木乃伊的组织，尽管他能够恢复出DNA，但难闻的气味很快就让他放弃了这个实验。随后，帕博的朋友给他提供了接触学校里木乃伊藏品的机会，结果证明木乃伊组织比干燥的小牛肝粗糙坚韧得多。他在木乃伊的任何组织样本中都找不到完整的DNA，他希望这可能是因为保存问题造成的，也许他需要对更多木乃伊进行采样才能找到具有更好组织和DNA。

所以当得知博德博物馆藏有大量木乃伊后，帕博就找人说服了馆方，让他连续两周每天去博物馆，从36具不同的木乃伊身上收集了各种组织样本。

回到学校实验室后，帕博利用晚上以及周末的时间来检查他的标本，以避免实验室同事发现他在做的实验。帕博第一次尝试检测木乃伊组织中的DNA时，他先是将它们进行复水，然后用溴化乙啶（一种染料）对薄薄的组织切片进行染色，这种染料与DNA结合后，会在紫外线下发出荧光。令人失望的是，大多数样品都未能被染色。

一天晚上，帕博对一片薄薄的耳软骨组织进行了检查。就像骨组织一样，软骨中的细胞也被硬组织包围，在显微镜下，他看到了发光的细胞核，这让他激动不已。

虽然只有3具木乃伊组织的细胞核染了色，但这已经足以让他开始尝试对其中的DNA进行分离了。一个儿童木乃伊的左腿皮肤组织中显示出的染色细胞最多，所以帕博从这部分组织中提取了DNA。然后他克隆并确定了大约3400个碱基对的DNA片段的部分序列。可以确定这个序列是人类的：它还有一个在人类DNA中经常重复的片段。（帕博后来意识到这个片段可能来自处理木乃伊的人留下的污染，但这种可能性没有得到证实或排除。）碳测年显示，这个木乃伊大约有2400年的历史。

这是帕博的第一个成就，但在发表成果之前，他得向导师汇报论文的内容。帕博有些紧张，一五一十地向导师坦白了自己正在进行的研究，并给导师看了他的手稿。令帕博非常宽慰的是，他的导师不但没有生气，还非常支持他。随后，帕博在权威期刊《自然》上发表了他的成果，"为重组DNA技术系统地应用于考古样品带来了希望"。

在获得博士学位后，帕博放弃了在医学上继续深造，又重回古代历史之路。

猛犸象、恐鸟和人类

在帕博致力于研究的古DNA领域，一项巨大的技术突破有望将过去披露于帕博以及世人面前。寻找古DNA很难，而从DNA中获取信息更难，需要克隆较长的完整DNA片段，以便对其进行测序。从关于木乃伊的实验中不难看出古DNA通常很难保存下来。所以当这种被称为聚合酶链式反应（PCR）的新技术出现时，帕博十分渴望在各种博物馆标本上应用这种技术，因为它可以快速、精准地将器官组织中的DNA片段放大100万倍或更多。

由于人类标本稀缺，帕博认为更明智的做法是先在易得且不那么珍贵的标本上实验这项新技术。生活在南非的斑驴是斑马科物种，由于人类的过度捕猎已于1883年灭绝，世界上最后一只斑驴被制成了标本存放在博物馆中。帕博认为，由于每个细胞中都有成千上万个线粒体DNA的拷贝，因此有更大的修复希望。他在斑驴的皮肤样本中提取DNA，使用新的PCR技术来扩增其线粒体DNA片段。这种方法非常成功，帕博能够一次又一次地重复实验。

帕博的分子研究利用了多种已灭绝动物的标本。帕博与多位研究者协作，分析了袋狼（一种食肉有袋类动物，在20世纪30年代之前，它们一直生活在澳大利亚）、恐鸟（一种已经灭绝的不会飞行的新西兰鸟类）、生活在冰河时期的马以及5万岁高龄的西伯利亚猛犸象的DNA。这些研究提供了两个重要的信息作为回报。第一，从灭绝物种中获得的DNA序列可以与现存亲属进行比较，成为确定物种之间进化关系的全新手段。生物学家不再局限于仅从灭绝物种的解剖结构中得出推论。例如，帕博和他的同事能够确定恐鸟与几维鸟没有密切关系，由此可以推断出在新西兰，有多个分支都演化成了无法飞行的形态。

古生物DNA做出的第二个重要贡献是技术上的。随着对越来越多不同种类的标本进行研究，帕博及同事对灭绝物种的DNA有了更深的了解。事实证明，DNA通常无法保存数千年，就算保存下来，通常也都会分解成长度为100—200个核苷酸的片段，远小于单个基因的大小。生物体死后，个别碱基也会发生化学变化，导致序列随之发生变化。更具挑战性的是，样本中大部分DNA都不是这些物种本身所具有的，而是来自死后侵入器官组织的细菌和其他生物。尽管如此，随着提取DNA技术以及用于扩增序列的PCR技术的改进，帕博和他的团队还是可以回溯到上一个冰河时期的动物。

尽管那些动物迷人又充满异国的神秘气息，但它们并不是帕博的主要目标，他想研究的是人类的历史。帕博和同事在佛罗里达州的天坑中采集了7000年前的人类样本，继而又在阿尔卑斯山的两具冰尸上采集了5000年前的人类样本。他们能够提取并扩增DNA。但帕博逐渐意识到，于人类样本而言，PCR技术是把双刃剑。PCR可以扩增微量的人类DNA，但对于古人类样本，这微量的DNA既可能是样本本身的DNA，也可能来自处理样本的现代人类。

帕博后来发现，从许多博物馆的动物标本中也会扩增出人类DNA，他因此意识到研究的样本可能被现代人类DNA污染的问题。当帕博尝试从达尔文收集的磨齿兽化石中获取DNA时，他找到了问题的根源。当时，他问馆长这些化石上是否涂了漆，馆长拿起磨齿兽的化石舔了舔说："没有，这些还没有处理过。"

PCR技术很强大，法医可以通过这种技术凭借在犯罪现场发现的微量人类血液、皮肤细胞或唾液来侦破案件。但对于可能在数十年间被无数人处理过的考古标本而言，这种技术却有些"过于强大"了。

怎样才能分辨出DNA序列是来自样本本身而不是污染物呢？答案是没有办法。通过计算，帕博得出结论，新突变的积累速度非常缓慢，在250代（大约相当于5000年）中最多只会发生一次突变。

帕博对此感到沮丧。在动物标本中，区分不同物种的动物序列却很容易，因此这项工作进展十分迅速。但关于人类标本的研究却困难重重。在他最初在木乃伊研究上获得成功的十年后，帕博决定放弃所有与人类相关的工作。

但他的决心并没有持续很久。

他很快就意识到，他应该去寻找那些生活年代足够久远的人类，远到他们的DNA序列和现代人类的DNA序列已经有所不同。也就是说，他需要寻找完全不同的物种。

尼安德特人

在德国杜塞尔多夫以东13公里处，杜塞尔河穿过了沉积3亿多年之久的石灰岩。17世纪时期的诗人、教师以及赞美诗作曲家约阿希姆·尼安德（Joachim Neander）生活在那里，尼安德河谷因此得名。19世纪中期以前，尼安德河谷两侧到处都是洞穴和岩洞。但随着工业对石灰岩的需求激增，大规模的采石作业使河谷岩壁上的洞穴悉数遭到破坏。

1856年8月的一天，为了防止高品质石灰石被污染，采石工人正在对费尔德霍夫洞穴（Feldhofer Cave）的黏土沉积物进行爆破清理，当一块块的黏土被抛向下方约18米的山谷地面时，一些骨头和一部分头骨暴露出来。见状，采石场的一位老板告诉工人在采石过程中要留意是否还有更多的骨头化石。最后他们共发现了15块骨骼和头骨的化石碎片。鉴于这些骨头有浓厚的眉脊和粗壮弯曲的股骨，因此它们最初被认为是穴熊的骨头。穴熊在该地区很常见，所以这些化石最初并没有得到很好的保存，只有最大的骨头被留了下来。然而，当地的一名教师和博物学家卡尔·富洛特（Carl Fuhlrott）在受邀参观了采石场时，看到了那些骨头化石，他立刻认出它们不是穴熊的遗骸，而是人类的。

富洛特注意到那些骨头有着一些不同寻常的特征，并将它们送往波恩大学教授赫尔曼·沙夫豪森（Hermann Schaafhausen）处进行更专业的评估。沙夫豪森同意富洛特的观点，也觉得它们不是典型的人类骨骼，认为它们属于一种以前从未见过的人类，并称之为"最野蛮的种族"，推断"这些特别的人类遗骸属于凯尔特人和日耳曼人时代之前的某个时期"。此外，沙夫豪森说："毋庸置疑，这些人类遗骸可以追溯到更新世最后的动物仍然存在的时期。"他的意思是，这种人类与一些动物，比如在过去某次灾难性洪水中灭绝的穴熊，曾经共存。

1857年，也就是达尔文《物种起源》出版的前两年，学术界对化石遗骸的解释激发了很多理论的产生，对"尼安德山谷人"（Neanderthal，Neander指的是尼安德，thal在德语中指的是"山谷"）骨骼化石的解释更是如此。一位德国知名病理学家不同意沙夫豪森的观点，他宣称这些骨头是由佝偻病导致的人类畸形。另一位科学家则否定了这两种解释，并得出结论说，这只是几十年前一名哥萨克骑兵的遗骨，弯曲的腿骨和损坏的肘部是因为他在与拿破仑军队的战斗中受了伤，最后爬进洞穴并丧生。

达尔文的密友兼盟友托马斯·赫胥黎（Thomas Huxley）对尼安德山谷人产生了浓厚的兴趣，并对怀疑者的观点进行了批判性的质疑：一个受伤的骑兵为什么要爬上约18米高的悬崖，然后脱掉他的衣服和战斗装备？他死后又如何将自己埋在60厘米厚的泥土下？赫胥黎总结：尼安德山谷人是完全不同的。爱尔兰地质学家威廉金认为，尼安德山谷人与现代人类有亲缘关系，但又与现代人类不同，是一个独立的物种，尼安德特人（*Homo neanderthalensis*）。

随后在比利时和法国的发现更加确切地证明了费尔德霍夫洞穴的骨骼化石不是畸形的人类或哥萨克士兵，而是一种广泛分布在欧洲的独特的人类，南至直布罗陀、西班牙和意大利，西至英国，东至如今的伊拉克、伊朗和乌兹别克斯坦都可以找到他的踪迹。尼安德特人独有的特征——突出的眉脊、宽大的鼻子、粗壮的身体，使人们对他们的第一印象就是野蛮，认为他们是野兽。因此，这种低等的、类人猿式的"穴居低能儿"的重要性等级完全位于智人的"下方"。

在过去的150年里，对尼安德特人的夸张的科幻式的描绘已经逐渐被更客观的研究所取代。相比其他物种，我们拥有的尼安德特人标本比其他任何古人类都更多、更完整，同时还有来自各个地点的大量文化资料。

尼安德特人是现代人类起源故事里的关键章节。根据化石记录，我们可以准确推断出，智人和尼安德特人在地球上共存了相当长的时间，他们在欧洲共存了大约1万年，直到在大约2.8万年前尼安德特人灭绝。

故事的其余部分中，一些关键细节尚不清楚。中心谜团是（当然仅从我们的角度来看——如果他们还活着，是一个尼安德特人正在写这个故事，那就另当别论了）尼安德特人与我们有着什么样的关系？

尼安德特人和智人之间发生的事情更像是电视剧《犯罪现场调查》（*Crime Scene Investigation*）中的情节，而不是高端的科学：导致尼安德特人灭绝的原因是什么？智人在其中扮演了什么角色？是我们谋杀并灭绝了他们吗？或者，智人和尼安德特人在某个地方碰面并发生了些浪漫的事情？但尼安德特人已经灭绝，我们要如何解开这些谜团呢？

死者的秘密

帕博非常想要得到尼安德特人的骨骼化石。身在德国的他下定决心要得到尼安德特人的骨骼化石，而且还是1856年被那些采石工人发现的1号标本"Numerouno"。甚至，他不仅仅只是想要看看这根骨头，他还想从中切下一块来磨碎提取DNA。没错，他想要破坏国宝。

他不知道博物馆馆长会不会以为他疯了。正当帕博想着如何接近那些化石的时候，波恩大学负责看护标本的馆长给他打了电话，打断了他的思路。多年前，馆长曾收到过帕博借用尼安德特人标本的请求，于是询问他成功的概率有多大。帕博当时很诚实地告诉他成功率只有5%，因为这个数值太低了，馆长拒绝了他的请求。但如今技术已经有所改进，馆长愿意为帕博提供化石样品。

他们关于应该使用哪个部位的骨头做样本进行了讨论。经验表明，与较薄的肋骨相比，手臂或腿等更紧密的骨骼中有更多的DNA，且污染更少。他们采取一切预防措施以减少进一步污染：实验员必须穿着防护服，使用盐酸处理仪器，并用无菌水冲洗，所有的DNA工作都在专门为处理考古标本而设计的实验室中进行，并采取多种措施以避免污染。最终，一块长1.3厘米、重3.5克的右上臂骨，被用无菌钻锯切下，放入无菌管中，作为样本交给帕博。

如果帕博的专家团队能够提取4.2万年前的DNA并对其进行测序，那么这块骨头可以揭示尼安德特人是否为欧洲人或其他智人的祖先。除了一些在永久冻土中保存完好的猛犸象之外，迄今为止人们还没有从那么古老的样本中获得真正的DNA序列。古代样本常被现代人类DNA污染，尼安德特人的骨骼化石是在没有任何保护措施的情况下被发现者处理的，博物馆馆长以及其他很多不知名的人也都接触过那些化石，这着实令人头痛。但帕博不能失败，这次的赌注太高了。这是最关键的一次检测古DNA实验，帕博他们对此满怀激情，充满野心。如果他们搞砸了，大概就不会有第二次机会了，这些化石太珍贵了，不可能继续被切成碎片。

帕博将这项精细的任务交给了慕尼黑大学实验室的研究生马蒂亚斯·克林斯（Matthias Krings）。克林斯在一个小房间里工作，房间非常干净，每晚都要经过辐照，以灭活所有可能残留的DNA。他身着防护服，戴着无菌手套、面罩和发网，将大块的骨头磨成粉末，用一系列溶剂提取其中存在的微量DNA。然后再使用 PCR 技术扩增线粒体DNA的小片段，最后，确定扩增的DNA中的碱基序列。

电话铃响起的时候帕博已经睡下了。

"那不是人类的。"克林斯只说了这一句话。

"我马上过去。"帕博迅速穿好衣服赶回实验室。

帕博赶到实验室时，波恩大学博物馆馆长和克林斯都在实验室仔细检查着这个序列。这个序列只有61个核苷酸长，但很明显，尼安德特人的DNA序列与现代人类的有很大不同。

这个结果实在是太重要了，他们激动地开了一瓶香槟。

他们从一个已灭绝的人类身上获得了第一个DNA序列——他们真的做到了！

帕博心中的怀疑以及想到的其他可能性让他失眠了一整晚，但在忘乎其形之前，他们需要确保结果的准确性。帕博想要克林斯重复实验的整个过程，他想知道通过扩增相邻的尼安德特人DNA片段究竟可以得到多长的序列。最终，该序列增长到379个核苷酸。在此序列上，现代人与现代人之间平均相差 7 个核苷酸，而尼安德特人与现代人相差 28 个。

虽然已经得出结论，但帕博还是想尽可能确保结果的准确性，所以在发表结果之前，他想看看其他的实验室是否可以重复他们的结果。他将一份骨骼样本寄给了当时在宾夕法尼亚州立大学人类学系的前同事马克·斯通金（Mark Stoneking），斯通金获得了与克林斯相同的序列。

1997年这一发现正式发表，有评论称这项工作是"里程碑式的发现……可以说是迄今为止古DNA研究领域最伟大的成就"。于古人类学而言，无论是在实践还是理论上，它都称得上是另一个转折点。帕博的团队展示了人类化石中可以提取出独特的遗传信息，并且科学家们掌握了一种全新的技术，该技术超越了比较解剖学和放射性测年法，可以更好地破译人类起源。

然而，人们心中最大的疑惑不是技术层面的问题，而是生物学上的：尼安德特人是否为智人的基因库做出了贡献？

对尼安德特人序列的详细研究并没有发现能表明尼安德特人对现代人的线粒体DNA做出贡献的证据。然而，这一发现并没有排除尼安德特人和智人之间存在杂交的可能性，也没有排除尼安德特人为现代人类基因库做出过贡献的可能性，因为线粒体DNA已经无法告诉我们更多的信息了。线粒体DNA是母系遗传的，它只能揭示尼安德特人女性和现代人类男性之间可能的繁殖。此外，一个特定的线粒体DNA谱系的灭绝并不代表着整个物种的灭绝，某个尼安德特人没有现代人类后代，不代表其他尼安德特人没有。

另外，线粒体DNA的遗传只是所有遗传中的一部分，控制我们大部分肢体形成和解剖结构的基因存在于核DNA中。核DNA在每个细胞中只有两个副本，而线粒体DNA可以有100—10000个副本，而且，由于古DNA会被降解成非常短的片段，在尼安德特人那里获得大量核DNA的希望似乎非常渺茫。事实上，在1997年，人们为帕博在线粒体DNA方面首次取得成就而欢呼的同时，他们持有的观点还是"我们还没有能力……找回丢失的大部分基因信息"。

我们无能为力。

家族中令人意想不到的亲戚

医学遗传学需要有更快更便宜的测序方法来检测人类患者的DNA，在此推动下，在帕博首次窥见尼安德特人序列片段后的几年里，DNA测序技术取得了巨大进展。到2006年，帕博不仅将目光投向了尼安德特人核DNA的测序，还着眼于尼安德特人基因组，一个已灭绝人类的全部30亿个DNA碱基对的测序。

技术上的障碍仍然是巨大的。通过物理降解和化学分解后的DNA只留下成千上万长约50个核苷酸的短片段。而帕博的团队需要做的是对这些短片段进行测序，然后将其按照正确的顺序排列，以重建基因组。即使对于最优秀的程序员和运行最快的计算机而言，这也是一项非常具有挑战性且极其复杂的任务。而且，现代人类DNA的污染就像幽灵一样，永远不会消失，它可能会掩盖任何信号并混淆结论。

为了破译尼安德特人基因组以及其所蕴含的有关人类历史的信

息，帕博招募了几位专业不同但又知识互补的科学家组成了尼安德特人基因组分析联盟。其中包括大卫·赖克（David Reich），哈佛医学院人类遗传学家；尼克·帕特森（Nick Patterson），博德研究所的数学家和密码学家；蒙蒂·斯拉特金（Monty Slatkin），加州大学伯克利分校的理论遗传学家；埃德·格林（Ed Green），来自德国莱比锡马克斯普朗克研究所。

起初数据量相对较少。该联盟于2007年成立之初，他们从三个尼安德特人标本中获得了大约190万个核苷酸的序列。对这些核DNA序列的分析与之前的线粒体DNA分析结果一致，既无法证明尼安德特人为现代人类基因库贡献了基因，但也不足以排除这种可能性。

在不到两年的时间里，研究团队获得了数十亿个核苷酸的原始序列。当帕博将该序列的一部分重组，并与现代人的序列进行比较时，他收到了大卫·赖克的一封电子邮件："我们现在有强有力的证据表明，与非洲人相比，尼安德特人的基因组序列与非非洲人的关系更密切。"

帕博感到十分震惊，他立刻明白了其中的意义：正如帕博和许多其他生物学家所认为的那样，如果智人与尼安德特人拥有共同的远古祖先，并且从未与尼安德特人杂交，那么所有人类与尼安德特人之间的亲缘关系应该是相似的。如果赖克是对的，那么尼安德特人和欧洲人的祖先之间一定存在某种基因杂交。

如果这是真的，这将是关于人类血统的一项重大发现。

但是，如果他们得出这样的结论，却在某种程度上是错的，那也将是天大的错误。

他们必须有十二分的把握。

　　为了寻找杂交的迹象，研究团队首先检测了来自世界不同地区的5个现代人的基因序列：法国、西非、南非、中国和巴布亚新几内亚。他们记录了大约20万个位置，在这些位置上，每一个个体的基因序列与其他个体的基因序列都存在差异。随后，他们在这20万个位置上研究了尼安德特人的基因序列。如果尼安德特人的基因序列与任何一个群体更接近，他们应该在更多的可变位点上共享相同的序列。最终结果令人震惊。与尼安德特人基因序列更接近的并不是非洲人，与非洲人相比，尼安德特人和非非洲人序列的匹配度高出约2%。而进一步的实验揭示，欧洲人拥有与尼安德特人序列相匹配的长DNA片段。这两条证据证实了一点：现代人类在离开非洲之后，遍布全球之前，曾获得了一些尼安德特人的基因序列。

　　但这种杂交是在何时何地发生的？如果所有非非洲现代人类基因库中都存在尼安德特人的基因，那么杂交发生的时间很可能非常早，早在现代人类从中东地区迁移扩张到亚洲之前。化石证据表明，现代人类在10万年前就已经出现在中东地区，尼安德特人在大约5万年前到达那里，而基因证据表明杂交发生在4.7万到6.5万年前，与化石证据一致。

　　但化石证据也表明，随着现代人类的扩散，我们的祖先逐渐完全取代了尼安德特人，尼安德特人在2.8万年前就消失了。

　　好吧，但也没有完全消失。帕博的团队估测，非非洲人大约有1%—4%的DNA来自尼安德特人。正如帕博自己所说的那样："我们每一个人身上都有一点尼安德特人的特征。"

第四部分

生态学

1957年，生物学家和著名的自然保护主义者朱利安·赫胥黎（Julian Huxley）说："作为地球的主宰者和进化的顶端……人类可能决定着地球进化的未来。"想要妥善地"管理"地球，人类需要了解自然的运作方式，以及影响生态系统多样性和稳定性的因素。本节中讲述了四个关于发现了塑造全球生态系统的重要力量的先驱者们的故事。他们的发现现在仍指导着许多保护工作的进行。

一位年轻的英国生物学家查尔斯·埃尔顿（Charles Elton）进行了一次具有关键意义的航行，他访问了达尔文和华莱士未曾去过的遥远岛屿，这激发了现代生态学的一些基本思想（第13章）。然而，在自然界中检验生态理念很难，直到几个生物学家设计了一些实验，揭露了个别物种在塑造群落方面的惊人作用（第14章），以及栖息地面积与可容纳的物种数量之间的重要关系（第15章）。不过，有史以来规模最大的生态实验之一并非有意进行的：地球化学家查尔斯·基林（Charles Keeling，第16章）发现燃烧化石燃料会导致大气中二氧化碳含量不断上升。

第13章 食如其人

大鱼吃小鱼，小鱼吃虾米，虾米吃泥巴。

——查尔斯·埃尔顿，《动物生态学》

特宁根号（*TERNINGEN*）颠簸在波涛汹涌、寒冷刺骨的巴伦支海上，牛津大学动物学专业学生，21岁的查尔斯·埃尔顿也随着船一同颠簸。2天前，这艘双桅帆船从挪威的特罗姆瑟出发，在6月午夜的阳光下驶向熊岛，那是一个在北极圈内的遥远而荒凉的岩石岛，最突出的特点恰如其名："苦难山"。

埃尔顿是牛津大学斯匹次卑尔根探险队（Oxford University Expedition to Spitsbergen）的先锋小队的一员。这支队伍由20名来自鸟类学、植物学、地质学和动物学等不同学科的学生和教师组成。1921年夏天，他们计划对挪威大陆西北方的北极群岛中最大的斯匹次卑尔根岛进行广泛的地理和生物调查。这是一项大胆且雄心勃勃的行动，他们要冒险深入风暴肆虐、冰雪覆盖的水域，还要登陆并横穿杳无人烟且冰天雪地的岛屿，同时面对地球上最恶劣的天气，更不用说团队中完全没有人有在北极地区工作过的经验。但，这就是埃尔顿和其牛津同事们所追求的冒险。

埃尔顿从小就对野生动物着迷。他花了无数的时间在英国乡间漫步、观察鸟类、捕捉昆虫、收集池塘里的动物、研究花草等。他13岁时就开始记录他的漫游和观察结果。埃尔顿的导师是著名动物学家和作家朱利安·赫胥黎（达尔文的亲密盟友托马斯·赫胥黎之孙）。埃尔顿对博物学的热爱和钻研给赫胥黎留下了深刻的印象，因此他邀请埃尔顿加入了自己的探险队。因为在起航前一个月埃尔顿才确定参加这次行动，所以他的准备时间相对较短。埃尔顿的父亲给了他一点钱，他的哥哥把军靴和其他装备借给了他，他的母亲帮他收拾了两个月航行所需的衣服。用埃尔顿自己的话说，他自己"毫无经验，非常不成熟"，之前只粗糙地参加过几次初级的露营。赫胥黎鼓励埃尔顿，并向他的父母保证："这次探险的危险程度不会超过初级的瑞士登山活动，甚至可以忽略不计。"

在航行的第三天，赫胥黎的承诺成了泡影。到熊岛有近500公里的路程，这对以前从未离开过英国的埃尔顿来说是个严峻的考验。他们所乘的船是由密封船改装而成的，其休息室以前是用来装鲸脂的，这种气味无法去除。再加上波涛汹涌的大海，船晃得让人苦不堪言。

46岁的医官兼出色的登山家汤姆·朗斯塔夫（Tom Longstaff）是船上最老练的航海家。看到埃尔顿痛苦的样子，他说："我得帮帮这可怜的孩子……"接着就给埃尔顿灌了大量的白兰地。由于没吃什么东西，埃尔顿喝得酩酊大醉，所以在七人探险队终于登陆位于熊岛东南海岸的海象湾岸时，他还坐在装满行李的船上，扯着嗓子唱歌。

但就像近一个世纪前的达尔文一样，埃尔顿的晕船症和其他不适症状并不妨碍他探索岛屿。查尔斯·埃尔顿远不及达尔文出名，但这位年轻的英国博物学家的偏远岛屿之旅也让他遇到了各种各样的奇怪生物，为他带来了一个巨大的谜团，引发了他的一场顿悟（或几场顿悟），并激励他撰写了一本奠定新科学领域基础的书。埃尔顿被称为现代生态学的奠基人。

潜入幕后

清醒后，埃尔顿和队员们在靠近海岸的捕鲸站废墟里扎营，外面的地面上散落着鲸鱼和海象的骨架、北极熊的头骨，以及几个北极狐的头骨。在与全队会合之前，他们计划先花一周时间探索这个19公里长的岛屿的南部，然后向北航行约190公里到斯匹次卑尔根岛。探险队中的四位鸟类学家将重点关注鸟类，而埃尔顿和植物学家文森特·萨默海斯（Vincent Summerhays）则集中调查其他动物和所有植物。

经过一夜的充分休息，埃尔顿和萨默海斯一起出去探索和收集标本。埃尔顿梦想有一天能知道动物"在人类看不到的时候在做什么"。现在，他将有机会窥探到无人研究过，甚至鲜有人造访的陌生世界。

该岛位于极地洋流与西面墨西哥湾暖流的交汇处，岛上常年笼罩着雾气，不时还会遭受冰雹或暴风雪的袭击。岛上地势平坦，内部分布着数十个湖泊，北部的地貌景观像月球一样贫瘠。但岛上也不乏奇观。岛的南部有几处高耸的悬崖俯瞰着大海，成千上万只海鸟栖息于此。其中数量最多的是黑白相间的崖海鸦和厚嘴崖海鸦，还有三趾鸥和灰色的暴风鹱。埃尔顿还看到了侏海雀、北极海鹦和北极鸥。

埃尔顿和萨默海斯以营地附近为中心，逐渐向外辐射至各个湖泊和其他地点进行调查。埃尔顿很快发现，这位身材瘦小的植物学家是一个优秀且坚定的搭档。萨默海斯仅比他大三岁，却见识过更广阔的世界，还参加过1916年的索姆河战役。就像埃尔顿喜欢观察动物一样，萨默海斯热衷于辨认所有北极植物。在他们漫游、探索期间，萨默海斯教给了埃尔顿大量的植物学知识。

尽管天气恶劣，时间紧迫，但两人还是对岛上各种动植物的栖息地进行了调查。由于物种相对稀少，这项任务并不困难。例如，整个岛上完全没有蝴蝶、蛾、甲虫、蚂蚁、蜜蜂或黄蜂之类的物种，这里的昆虫主要由蝇类和原始的弹尾目物种构成。

埃尔顿带来了各种收集和保存这些珍宝的工具。他用捕蝶网捕捉飞虫，抖动植物使虫子落到一张白布上，或翻开石头寻找昆虫。用氰化物将昆虫杀死后，埃尔顿将它们放入带有标签的纸张中，并塞进雪茄盒里。对于水生生物，埃尔顿则使用一系列不同网眼大小的渔网。他将一些水生动物保存在装有酒精或福尔马林的玻璃管中，然后用软木塞塞住，再用蜡密封好。

埃尔顿特别关注每个物种在如此贫瘠且恶劣的环境中是如何生存的。例如，海鸟依海而生，它们的粪便从悬崖掉落，为生长在悬崖下面的植被提供了养分。埃尔顿在内陆发现的鸟类，如雪鸮，以锯蝇为食，而贼鸥则以其他鸟类为食，或是偷取它们的食物和蛋。

随着时间流逝，探险队的食物供应开始减少，贼鸥不再是唯一一种以鸟类为食的生物。鸟类学家收集了许多的蛋和鸟类。他们通过吹空鸟蛋，保存蛋壳并将蛋黄和蛋白制成煎蛋卷，也会在剥去鸟皮后，将鸟尸放入锅中烹饪。埃尔顿和团队很惊讶有如此多的物种可以食用。他愉快地给家里写信，记录了早餐吃海鸽蛋和"炖矍、绒鸭、长尾鸭、紫滨鹬、雪鸡、蔬菜和米饭"的事情。

尽管有狂风暴雨、面包不够吃，还用完了黄油，而且仅仅一周时间就几乎磨穿了他的军靴，但埃尔顿宣称在熊岛上的生活是"相当有趣的"。

随后，整个探险队朝北驶向斯匹次卑尔根岛，被卷入另一场风暴，狂风咆哮着把危险的绿色海冰刮到了他们的航线上。这座岛屿有450公里长，大约行至一半处，船转向进入了冰峡湾的蔚蓝水域，云雾也散去了。队员们被这里的景色所震撼，绵延起伏的、被白雪覆盖的山峰以及在阳光照耀下闪闪发光的冰川，沿着纯白山谷蜿蜒通向大海。鲸鱼喷起水柱，一群海豚冲出如玻璃般平静的海面，一群群矍和海雀在水面上飞舞。

300多公里宽的斯匹次卑尔根岛为探险队带来了巨大的机遇和挑战。朗斯塔夫帮埃尔顿在山顶建立了一个营地，附近有一个几公里长的大潟湖，半边被冰雪覆盖，有许多海豹在上面休息。在回到船上之前，朗斯塔夫警告埃尔顿不要在潟湖的冰面上行走。埃尔顿明白朗斯塔夫的提醒只会说一次，如果自己忘记了，那就一定是自己的错误。

在这个岛上度过了九天收集和观察动物的丰富多彩的时间后，埃尔顿犯了那个曾被提醒过的错误。他在和一位地质学家沿着湖泊岸线相连的冰面散步时，踩到了岸边径流形成的薄弱区域，跌入了寒冷的水中，仅靠着卡住的背包才没有完全沉入水中，并小心地爬回了冰面上。但由于极度寒冷，戴着太阳镜的埃尔顿没有意识到自己已经转了个方向，差点再次跌入那个洞口。好在地质学家的呼喊阻止了他再次失足，不然他差点就淹死了。

尽管比熊岛更靠北，冰雪覆盖更多，但斯匹次卑尔根岛上夏季的温度却高得多（有时气温会超过10℃），至少在不下雪的时候是这样。埃尔顿利用这些条件对北极动物的适应能力进行了一些实验。为了进一步了解它们是如何在这种气候下生存的以及它们的栖息地，他测试了甲壳类动物及其卵对冷冻和解冻，以及不同浓度的海水的耐受性。

在冻原上采集和生活了两个多月后，现在已经成为资深北极探险家的埃尔顿将自己的33个箱子、一捆捆装备和标本打包，全部装载上船，启程回国。

研究北极食物链

安全回到牛津后，埃尔顿和萨默海斯汇总了他们从调查中收集到的数据。许多博物学家，尤其是那些收藏爱好者，可能会对北极群岛的稀少收获感到失望。但埃尔顿意识到，相对稀缺的物种让他们有机会描述整个生物群落中所有物种之间的交互和关系，进而揭开动物生活的帷幕。

以前的博物学家将一个群落视为一个整体，或是一组物种的集合，但埃尔顿采用了一种新颖的功能性方法。埃尔顿很清楚，在北极群岛的生态系统中，最宝贵的资源是食物。所以他开始追溯每种生物的食物来源。

陆地上的食物极其匮乏，但海里的食物很充足，所以他从海洋开始调查。他知道海鸟和海豹以海洋生物（浮游生物、鱼类）为生，北极狐（以及贼鸥和北极鸥）以海鸟为生，而北极熊又以海豹为生。这些关系形成了埃尔顿所谓的"食物链"。

但冻原居民之间的联系远不止于此。海鸟的粪便中含有氮，会被细菌分解利用，进而滋养植物；植物是昆虫的食物，二者又都是陆地鸟类（雷鸟、鸻鹬）的食物，鸟类又是北极狐的食物。通过这种方式，一个群落的食物链相互连接成更大的网络，埃尔顿称之为"food-cycles"，后来又将其称为食物"网"。埃尔顿在1923年和萨默海斯一起发表的论文中画出了这些食物链和食物网的示意图，这是同类研究中的首例。

紧随旅鼠

埃尔顿本人在学术界晋升迅速，也在牛津大学探险队中崭露头角。1922年获得学士学位后，他在1923年获得了讲师的职位。他还被任命为对斯匹次卑尔根岛鲜有人探索的姐妹岛——东北地岛（Nordaustlandet）进行探险的探险队首席科学家。

尽管离斯匹次卑尔根岛很近，但东北地岛实际上很难到达。船只被岛周围的厚厚的冰带所阻挡，并在试图强行通过海峡时折断了螺旋桨。由于缺少动力，船被浮冰撞来撞去，探索该岛的计划不得不被放弃。

但对埃尔顿来说，这趟行程并非一无所获。在回英国的路上，船像往常一样停靠在特罗姆瑟。埃尔顿进书店转了转，偶然发现一本名为《挪威的哺乳动物》（*Norges Pattedyr*）的巨著，作者是罗伯特·科利特（Robert Collett）。虽然埃尔顿不懂挪威语，但他对这本书很感兴趣，从留在口袋中准备带回家的3英镑中拿出了1英镑买下了它。埃尔顿后来称这本书"改变了我的一生"。

回到牛津后，埃尔顿找来了一本挪威语词典，并费尽心思地对该书的部分内容进行了逐字翻译，其中有大约50页是关于旅鼠的。尽管埃尔顿从未见过这种像豚鼠一样的小动物，但他还是被这些内容迷住了。科利特对"旅鼠年"的描述让埃尔顿着迷：几个世纪以来，每隔几年的秋季，斯堪的纳维亚山脉和冻原上会有大量啮齿类动物蜂拥而出，数量之大甚至令那里的居民都无法忽视。

埃尔顿对此整理了图表，发现旅鼠年的发生周期相当规律，大约每三到四年一次。他还绘制了地图，并注意到斯堪的纳维亚半岛的不同地区上、不同种类旅鼠的迁徙似乎也大多发生在同一年。他在牛津大学一幢老建筑的小隔间里，盯着摊开在地板上的地图看了好几个小时，心想自己一定是遗漏了什么重要的东西。就像阿基米德在浴缸里一样，他是在卫生间里，坐在马桶上时"一下子就想到了"的。坐在马桶上的埃尔顿认为那些旅鼠是从周期性的增长中"溢出来的"。当时的动物学家都认为动物数量会基本保持稳定。但埃尔顿现在意识到，动物数量可能会大幅波动。

埃尔顿进一步挖掘，他想知道这种现象有多普遍。虽然没有关于加拿大旅鼠迁徙的直接报告，但是埃尔顿还是能够通过假设食物链来推断出这些事件。他之前读过一本加拿大博物学家的书，书中描述了包括北极狐在内的其他哺乳动物的种群波动。埃尔顿知道北极狐以加拿大旅鼠为食，于是他查到了哈德逊湾公司毛皮贸易的记录，查阅了记录表中的狐狸皮的数量，发现果然狐狸皮数量激增的年份与挪威旅鼠年的时间相吻合。

接着，埃尔顿意识到旅鼠还是鸟类的食物，他的食物链概念得到了进一步扩充。他还注意到，在旅鼠年，短耳鸮大量聚集于挪威南部，捕食短耳鸮的游隼数量也会上升。

旅鼠并不是唯一数量波动剧烈的猎物。埃尔顿了解到，加拿大兔的数量也起伏不定，大约每10年出现一次激增，然后急剧下降。兔子是加拿大猞猁的猎物，猞猁的数量（根据猎人收获毛皮的记录）也呈现出10年的周期性变化，并与兔子的增减数量呈正相关。

埃尔顿认为，这些相关性为我们了解动物群落的运作方式提供了非常有价值的线索。它们展现了动物数量惊人的激增，还展现了通过食物链，一个物种的数量可以影响其他物种的数量。埃尔顿在《动物数量的周期性波动》中记录了自己的发现，这是他在1924年撰写的一篇长达45页的论文。当时他并不知道，但他已经为生态学这门新科学奠下了的基石。

生命在于食物

1926年，埃尔顿的前导师朱利安·赫胥黎正在主持编写一系列关于生物学的小书。他希望这些书能由注重新兴观念的领先思想家来撰写。尽管埃尔顿才26岁，但是赫胥黎看重他在北极地区丰富的探险经验（当时他已经进行了三次探险），也十分欣赏他发表的文章中显示出的独立思考能力。赫胥黎提议由埃尔顿撰写一本关于动物生态学的小书，埃尔顿接受了这个邀请。

埃尔顿全身心地投入到这项工作。他在牛津大学博物馆附近的公寓里，在每天的晚上10点到凌晨1点疯狂写作，仅用85天就完成了这本书！尽管速度惊人，但这本《动物生态学》在风格和内容上都堪称经典。这本200页的书很吸引人，不仅使用对话式口吻进行写作，还包含很多灵活的比喻。它的章节有逻辑地围绕着一些关键的观点组织起来，这些观点介绍了埃尔顿所认为的新生态学所包含的主要议程。

埃尔顿解释说，他的书"主要关注的是所谓的'动物社会学'和'动物经济学'"。这种将动物与人类社会和经济进行的类比是经过深思熟虑的。"很明显，动物组成了复杂的社会，就像人类社会一样复杂、一样值得深入研究，也'受经济规律的制约'"，埃尔顿写道。其中隐含的意味是，和人类社会一样，动物群落由相互作用的不同生物组成，它们在其中担任着不同的角色。

"乍一看，我们可能会觉得不可能发现有关动物群落的一般规律，"埃尔顿说，但正如他在北极的经验，"但对简单的群落进行研究后不难发现，有几个原则可以使我们将动物群落分成各个部分，在这些原则的指导下，许多表面上的复杂性都会消失"。

这些原则源于埃尔顿对食物和食物链的高度重视。他认为食物是"动物经济"的"货币"。埃尔顿写道："所有动物的主要驱动力都是找到合适并足够的食物。食物是动物社会中的首要问题，动物社会的整体结构和活动都取决于食物供应。"

食物链构成了群落中各成员之间的"经济"联系。动物通过食物连接在一起，而所有动物都最终依赖于植物。在埃尔顿的体系中，以植物为食的食草动物处于"动物社会的基层"，而以食草动物为食的食肉动物则处于上一层，以前一层食肉动物为食的其他食肉动物处于又上一层，以此类推，直到"没有天敌"处于食物链顶端的动物才算结束。

埃尔顿进一步指出，食物链中位于较低层级的动物数量往往较多，而处于食物链顶层的动物则数量相对较少。一般来说，从底层到顶端之间的动物数量通常是逐渐减少的。埃尔顿把这种模式称为"数字金字塔"。

他举的一个例子是，在英国的橡树林中，人们可以找到"大量的小型食草昆虫，如蚜虫，大量的蜘蛛和肉食性甲虫，一些莺类，和只有一到两只的猛禽"。另一个他曾亲自身经历并记录下来的例子是，在北极，大量的甲壳类动物被鱼吃掉，鱼被海豹吃掉，而海豹则被数量更少的北极熊吃掉。埃尔顿断言，这样的金字塔存在于"世界各地"的动物群落中。时间已经过去了大约一个世纪，食物网和这种金字塔至今仍然是生态学家关注的主题。

埃尔顿无意中还对流行文化产生了持久的影响：他推动了旅鼠自杀的谣传的传播。根据埃尔顿对科利特的书的解读，在一个旅鼠年曾经有"一群旅鼠疯了一般地冲下悬崖"。他在《动物生态学》中写道："旅鼠主要在夜间出没，在到达大海之前，可能会横跨160多公里的距离，然后它们毫不犹豫地跳进海里，继续游泳，直到死亡。"但这一描述来自从科利特书中收集的故事。埃尔顿从未见过旅鼠，也没见过旅鼠迁徙，更别提集体自杀了。

1958年的迪士尼电影《白色荒野》又进一步推动了旅鼠自杀的

谣传的传播，电影描绘了旅鼠跳海自杀的画面。旁白说道："一种冲动裹挟了这些小型啮齿动物，使它们走向了不可理喻的疯狂。"观众看到旅鼠从高高的悬崖跳进海水，然而那一幕是伪造的，动物是被制片人抛下悬崖的。

这部电影还获得过奥斯卡金像奖。

第14章 为什么世界是绿色的？

> 所有动物一律平等，但有些动物比其他动物更加平等。
>
> ——乔治·奥威尔，《动物庄园》

1958年，粮食的短缺是拥有6.6亿人口的中国面临的最大挑战之一。人们大部分注意力都集中在提高粮食产量和防止农作物受损的问题上。由于当时认知水平有限，人们认为麻雀会偷食粮食，从而造成大量的粮食损失，于是，开展了一场轰轰烈烈的"打麻雀运动"。

几乎全国人民都参与了这项运动，包括五岁的儿童。麻雀的巢和蛋被摧毁，当它们想落下休息时，人们就敲锣打鼓，迫使它们飞起来，让它们力竭而亡。数亿只麻雀在这次运动中被杀灭，麻雀一度险遭灭绝。当年，水稻和小麦的收成显著增加，乍一看人们似乎赢得了这场战役，但也很快迎来了自然的报复。

在地球的另一边，生物学家鲍勃·潘恩（Bob Paine）则想尝试着在更小的范围内"清除"一个物种。他的探索始于密歇根大学的一间教室。

自下而上还是自上而下？

那是一个春日，教授们不想上课，学生们也不想待在教室里。当时还是一名研究生的潘恩正在上弗雷德·史密斯（Fred Smith）教授的淡水无脊椎动物的课。教室外面是个院子，院子里有棵树正在长出新芽。史密斯教授望着窗外说："同学们，我希望你们思考一下……那棵树为什么是绿色的？"

"叶绿素。"一个学生回答。虽然这在学术上是正确的，叶绿素确实是使树叶呈现绿色的色素，但史密斯教授显然是想让学生超越这种显而易见的答案去思考，潘恩喜欢这种教学方式。"那么，是什么让树叶留在那里呢？"史密斯追问。

这看起来似乎是个简单的问题。但是正如潘恩后来学到的那样，答案并不简单。史密斯想要的答案不是叶绿素，而是食物链。正如查尔斯·埃尔顿（在第13章）所展示的那样，根据它们吃什么或者是什么吃了它们，生物世界被划分为三个主要层级。底层是生产者——利用太阳能、水和土壤养分制造自己所需"食物"的植物，它们上面是以植物为食的食草动物，最高一级是捕食食草动物的食肉动物。

当时生态学家的普遍想法是，每一个层都限制着上一层，也就是说，可获得的植物数量限制了食草动物的数量，食草动物的数量限制了食肉动物的数量。因此，世界是由食物链的"底层"向上进行组织和调节的。

　　但史密斯和两位关系密切的同事内顿·海尔斯顿（Nelston Hairston）和劳伦斯·斯洛博德金（Lawrence Slobodkin）对此持有怀疑。食草动物有摇落树叶并吃光所有植被的潜能，但是陆地一般都是绿色的，这意味着食草动物没有吃掉所有的植被，大多数植物的叶子只被吃掉了一部分。对史密斯、海尔斯顿和斯洛博德金来说，这些事实意味着，食草动物并不仅仅受到食物的限制，还可能有其他因素限制了食草动物，那就是食肉动物。他们很快提出了一个新的观点：世界之所以是绿色的，是因为食草动物受到了自"上"而下的控制。

　　"那里明明有很多昆虫，"史密斯继续说，"但昆虫为什么没有把绿色植物全吃光呢？也许有什么东西控制着它们？"

　　史密斯在课堂上首次公开了后来被称为"绿色世界假说"的观点。这个观点与当时普遍的看法背道而驰，因此立即引来了批评，其中最温和的批评是这个观点需要测试和证据。

　　而鲍勃·潘恩就是那个第一个做实验的人。

投掷海星

　　潘恩认为，生态学迫切需要实验的支撑。几十年来，生态学的理念是基于观察和测量建立起来的，而不是像其他生物学分支那样通过实验建构的。在靠关于被称作腕足类的小型带壳无脊椎动物研究获得博士学位后，潘恩移居圣地亚哥，在斯克里普斯海洋研究所做博士后。在那里，他目睹了两位科学家之间的一场辩论，这场辩论鲜明地划清了生物学中两种思想流派之间的界限。一位科学家认为，通过描述、观察和测量足以理解大自然是如何运作的。另一位是化学家，他说了解自然的方式是提出假设，设计测试设备，然后做实验。这位化学家认为，这样一来，人们马上就知道自己是对还是错。潘恩认为，后一种方法似乎要更有趣、速度更快，而且从长远来看可能也更简单。

人们认为食物链的结构和由下层对上层进行调控的机制是必然的，在"绿色世界假说"出现并引起争论之前，没有人想去检验这些说法是否正确。由于争议一直悬而未决，潘恩开始考虑应该如何对其进行测试。他需要一个可以排除食肉动物的生态系统，看看其中的生物会发生什么变化。

1962年，他搬到西雅图，在华盛顿大学担任动物学助理教授，并开始在该地区寻找合适的研究地点。他花了6个月的时间在西雅图和大学位于星期五港的海洋实验室周围寻找，但一无所获。在大学的第三个学期，他受命教授一门关于海洋无脊椎动物的课，而他对此几乎一无所知。他带着学生们去了西雅图周围的泥湾，然后又去了华盛顿的外海岸，最后来到了奥林匹克半岛顶端的木瓜湾。

他后来说，他在那里"发现了太平洋，以及大量生活在太平洋边缘的生物"。弯曲的海湾朝西伸向开阔的海洋，并点缀着大片的岩石。潘恩在这些岩石中发现了一个繁荣的生物群落。潮汐池里满是五颜六色的生物，有绿色的海葵、紫色的海胆、粉红色的海藻，还有海绵、帽贝和石鳖。潘恩还看到了退潮时岩石表面露出的生物带：小的橡子藤壶和大的颈鹅藤壶，还有成片的黑色的加利福尼亚贻贝，它们的下方还有一些非常大的紫橙相间的赭色海星（*Pisaster ochraceus*）。潘恩认为一定有某些过程在起作用，使生物群落得以发展起来，形成了现在这样的条带。

潘恩找到了自己想要的生态系统。他后来回忆道："它就这样在我面前展开，简直像是天堂。"

接下来的一个月，也就是1963年6月，潘恩从西雅图回到木瓜湾开始了他的工作。他首先需要确定这个生态系统中的捕食者和猎物。那里有一种小型捕食性螺，但最主要的捕食者是海星。在捕获猎物后，海星会将胃吐出并分泌消化酶对猎物进行分解和消化。潘恩在海星用触手吸住岩石之前偷偷靠近，并把它们翻过来，看看它们吃了什么。潘恩发现这些海星吃了很多藤壶，但它们更主要的食物是贻贝。

为了研究海星在这个生态系统中的作用，潘恩开始了实验。在退潮时，他跑到一块岩石上，划出了一块长7.5米、宽1.8米的区域，然后用一根撬棍把岩石上所有的赭色海星撬下来，并尽可能远地把它们投掷到海湾里。

潘恩后来回忆说："这显然是最愚蠢的实验之一，通过除掉海星来观察它们的猎物有什么变化……从而了解这个生态系统是如何工作的。"不管这个实验是否愚蠢，在接下来的时间里，春夏两季每月两次，冬季每月一次，潘恩都会往返500多公里到木瓜湾重复他的海星投掷实验。他还保留了在相邻的区域里的海星，作为实验的对照组。

到了1963年9月，在潘恩开始移除海星的3个月后，这个生态系统已经发生了明显的变化。橡子藤壶扩张开来，占据了60%—80%的可用空间。但是到了1964年6月，也就是实验开始一年后，橡子藤壶的生存空间又被体型较小但生长迅速的鹅掌藤壶和贻贝占领了。不仅如此，还有4种藻类已基本消失，2种帽贝和2种石鳖也已放弃了这片区域，捕食性海星的消失使潮间带生态系统的生物多样性从最初的十几种迅速减少到8种。

潘恩回忆说："我知道我找到了生态学中的黄金。"这个结果令人震惊：捕食者通过控制猎物，影响了群落中的物种组成——既影响它吃的动物，也影响它不吃的动物和植物。

在接下来的5年里，潘恩继续进行实验，贻贝以平均每年近1米的速度向低潮线方向蔓延，占领了大部分可用空间，并将所有其他物种赶出了岩石区域。结果表明，海星对控制贻贝的数量至关重要。对于潮间带的动物和藻类来说，岩石上的生存空间是它们最需要的资源。贻贝是这个空间的强力竞争者，如果没有海星，它们会逐步占领所有生存空间，迫使其他物种离开。捕食者能够通过控制竞争优势物种的数量来稳定生态系统的平衡。

潘恩的研究结果有力地支持了绿色世界假说，即捕食者从食物链的顶端对其下级物种产生控制作用。但这只是在太平洋海岸的一个地方的一个实验，如果可能的话，尝试重复实验至关重要。幸运的是，潘恩很快就在离木瓜湾几公里远、离海岸约不到一公里的地方发现了塔托什岛，这里饱受暴风雨侵袭，且无人居住。在这里，他发现许多相同的物种依附在岩石上，其中就包括紫海星，于是他开始在这里重复投掷海星的实验。三个月内，塔托什岛的贻贝就开始在海星消失的岩石上蔓延开来。

潘恩在新西兰休假时，有机会用完全不同的物种进行同样的实验，他发现了一种以新西兰绿唇贻贝为食的珊瑚礁海星（*Stichaster australis*），这种贻贝会被出口到世界各地的餐馆。在9个月的时间里，潘恩从一个区域中移走了全部的海星，留下相邻的一块不做干扰的区域作为对照。很快，他就看到了明显的差异，没有海星的区域很快被贻贝占据，最初存在的20个物种中，有6个在8个月内就消失了。到了实验的第15个月，大部分空间都已经被贻贝所占据。

潘恩创造了一个术语来描述这样的物种对生态系统的作用，他借鉴了建筑学种的概念，借用罗马拱门顶端的楔形石，将捕食性海星称为"keystone"物种（该术语的中文正式翻译为"关键物种"）。就像在拱顶石被移走时，石拱门会坍塌一样，潘恩已经证明当关键物种被移除时，生态系统也会崩溃。

潘恩的发现引出了一些新问题：关键物种的存在是一种普遍现象，还是只是存在于海星及它们的栖息地的特殊情况？是否还有其他捕食者是关键物种？

幸运的邂逅

当潘恩在离海岸稍远的地方继续他的研究时，另一个惊人的模式引起了他的注意。在一些潮池中，海胆很多，海带（一种海藻）却很少；而在另一些潮池中，海带很多，海胆却很少。潘恩怀疑是海胆阻止了海带的生长。他和罗伯特·瓦达斯（Robert Vadas）做了一个简单的实验：他们把一些潮池里的海胆全部移走，或者用铁丝笼子把它们围住，并保留了附近的潮池和区域作为实验的对照组。移走海胆产生了显著影响，没有海胆的区域中几种海藻肆意生长，而未受影响且有大量海胆的对照组的区域藻类很少。

在潘恩的做实验的潮池中，海胆几乎吃光了所有的海带。那么，为什么没有生物控制海胆呢？答案来自于一个遥远的地方，那是一次在阿拉加阿留申群岛的一个偏僻小岛上的幸运邂逅。

1971年，潘恩应邀前往阿姆奇特卡岛（Amchitka Island），对一些学生在那里进行的海藻群落研究进行指导。来自亚利桑那大学的硕士生吉姆·埃斯特斯（Jim Estes）见到了潘恩，并描述了他还在完善中的研究计划。尽管埃斯特斯不是生态学家，但他对海獭很感兴趣，他向潘恩解释说，他正在考虑研究海藻森林（kelp forests）是如何支撑海獭种群繁衍的。

潘恩建议埃斯特斯从一个不同的、自上而下的角度来研究海藻群落。他问道："你有没有想过海獭可能会对整个生态系统造成什么影响？"

埃斯特斯之前没有从这种角度考虑海獭的作用，他没有意识到不是海藻森林在支持海獭，而是海獭在塑造整个系统。这让埃斯特斯很兴奋，他因此放弃了对海獭的详细生理学研究，转向想找出它们可能对海藻森林产生的影响，潘恩没有告诉埃斯特斯应该如何去做，但埃斯特斯自己找到了一个方法。

埃斯特斯知道太平洋海獭在历史中的概况，也知道在1911年被国际条约保护之前，海獭是如何因毛皮贸易而几乎灭绝的。1911年到1971年，随着种群数量的恢复，海獭重新出现在一些岛屿，例如阿姆奇特卡岛，也有一些岛屿还没有海獭回归。因此，"实验"实际上已经做完了，现在埃斯特斯要做的是对有海獭的岛屿和没有海獭的岛屿进行比较。

埃斯特斯与同学约翰·帕米萨诺（John Palmisano）一起来到了

谢米亚岛。这个岛位于阿姆奇特卡岛以西300多公里处，是一块15.5平方公里的岩石，那里没有海獭。不同寻常的是，他们在这里的海滩上看到了很多海胆尸体。但真正惊人的是埃斯特斯第一次潜入水下看到的画面。

埃斯特斯回忆道："一生中，最令我激动的时刻就发生在那不到一秒钟的时间里。那就是在谢米亚岛，我和帕米萨诺把头伸进水里的那一刻。我们像是置身于海胆的海洋中，它们围绕着我们，而且周围没有任何海藻的踪影。"

这里与阿姆奇特卡岛的海藻森林形成了鲜明的对比，埃斯特斯表示，"傻瓜都能弄清楚发生了什么"。

埃斯特斯和帕米萨诺发现，海獭吃海胆，海胆吃海藻。当海獭消失时，海胆就会不受限制地吃海藻；海獭存在时，海胆的数量会受到控制，海藻就有机会大量繁殖。这一发现有力地证明了绿色世界假说：食肉动物控制食草动物的数量，进而使植物得以生长。

然而，海獭影响的远不止于海藻本身的生长。埃斯特斯和帕米萨诺注意到两个岛屿周围生态系统之间其他显著的差异：在阿姆奇特卡岛周围有大量五颜六色的兔头六线鱼、斑海豹和白头海雕，但谢米亚岛周围没有这些动物。海藻是许多种鱼类和各种无脊椎动物的栖息地，而这些鱼类和无脊椎动物又是海鸟和其他动物的食物，整个沿海生态系统依赖于海藻，而海藻又依赖于海獭。很显然海獭是一个关键物种。

海獭的存在或消失带来的许多间接影响是人们以前未曾料到的，甚至是未曾想象过的生物之间的联系。谁会想到海獭会对白头海雕产生影响呢？潘恩创造了一个新的术语来描述这种多营养级生态系统中的自上而下的链式反应，他称之为营养级联（trophic cascade）。

观察和治理自然的新方法

关键物种和营养级联在太平洋海岸的戏剧性和意想之外的影响，引发了这样一种可能：这种力量可能塑造着其他区域的生态系统。在接下来的几十年里，生态学家用新的视角探索了其他动植物栖息地，发现关键物种和营养级联效应几乎存在于所有水生和陆生生物栖息地中，包括湖泊和河流、珊瑚礁、森林、草原、沙漠和苔原。

从蜘蛛到狮子、豹子和鲨鱼，各种捕食者都展示出了强烈的自上而下的效应。曾经被视为仅仅端坐于食物链顶端的物种，现在大部分都被认为是底层生物的关键物种。但并非所有的捕食者都是关键物种，也不是所有的关键物种都是捕食者。在各种生态系统中充当关键物种的食草动物包括蜜蜂（授粉）、鼠兔（塑造景观）和角马（在草原上吃草）。

例如，太平洋西北地区的森林依赖于鲑鱼和熊，塞伦盖蒂平原的树木和长颈鹿依赖于角马，这些发现从根本上改变了我们对自然运作方式的理解。与早期人们认为每个物种在生态系统中都很重要的观念相反，现在我们知道许多物种对群落有不成比例的庞大影响。潘恩借用乔治·奥威尔（George Orwell）的《动物庄园》中的一句话总结了这种新观点：所有动物一律平等，但有些动物比其他动物更加平等。

　　关键物种和营养级联的发现也揭示了人类在治理自然时犯下的许多错误。1958年"打麻雀运动"最终导致的后果是，农田当中的害虫几乎没有了天敌，第二年的粮食严重歉收，引发了极为严重的饥荒问题。后来人们发现，麻雀不仅吃谷物，而且对于控制害虫数量（包括危害农作物的害虫）起着至关重要的作用，于是消灭麻雀的运动被中止了。

　　在人类进化的数百万年前，大型食肉动物在陆地和海洋中游荡。但在全球范围内，人类有选择地将它们的数量减少到了原来的一小部分。直到现在，我们才开始认识这样做的后果，并对其进行评估。关键物种和营养级联还有着恢复退化的生态系统的潜力。例如，在消失70年后，狼群被重新引入美国黄石国家公园，触发了营养级联，减少了麋鹿的过度繁殖，从而缓解了白杨、木棉和柳树的生长压力，并对海狸、鱼类甚至河流产生了广泛的影响。

　　鲍勃·潘恩不仅确定了第一个关键物种，还提出了营养级联的概念。在他83岁去世前的最后一篇论文中，他又创造了一个新的术语"超级关键物种"（hyperkeystone），用于描述人类在影响地球上每个关键种时所扮演的角色。

第15章 陆地上的岛屿

当你看到一只蚂蚁、一只鸟、一棵树时，你并没有看到它们的全部。

——爱德华·威尔逊

在1954年3月的一个寒冷的日子，哈佛大学教授菲利普·达林顿（Philip Darlington）把研究生爱德华·威尔逊（Edward Wilson）叫到了他的办公室。

"你想去新几内亚吗？"达林顿问。

这位很有志向的24岁的博物学家很激动。威尔逊从小就在阿拉巴马州的沼泽、森林和海岸上探险，他一直梦想着去热带地区看看。去新几内亚的旅行意味着他可以去华莱士（第7章）一个世纪前去过的那些岛屿上游览和采集样本！达林顿强调这一地区很少有人探索，这是难得的成为先行者的机会。

威尔逊知道，达林顿本人就是一位难得的先行者，也是一位具有传奇色彩的收藏家。达林顿曾爬上海拔6000米的哥伦比亚北部的圣玛尔塔内华达山脉，并一路采集标本。他还攀上过古巴和海地的最高峰，也进行了大量的采集。

达林顿在第二次世界大战期间在新几内亚的经历展示了他对收藏和科学的热忱。1941年珍珠港事件发生后，达林顿应征参加了陆军卫生队，参与疟疾调查工作。他曾参与新几内亚、俾斯麦群岛以及菲律宾中部和吕宋岛等地的军事行动，于1944年以少校的身份正式退役。

在离开新几内亚之前，达林顿进行了几次采集，涵盖了该国的多个地区。他关注的重点是步甲。有一天，在丛林里，他蹑手蹑脚地爬到一根漂浮在水里的木头上准备采集水样。突然，一只巨大的鳄鱼冒出水面，并向他游来。

达林顿想回到岸边，但他从木头上滑到了水里。

鳄鱼张开嘴冲了过来，达林顿试图抓住鳄鱼的下颚来抵挡，但他并无法抓住。鳄鱼咬住了达林顿，在水里一圈又一圈地旋转，然后把他拖到了水底。

达林顿后来向一位记者讲述到："我很害怕，一直在想，对一个博物学家来说这是多么不幸的境地。那几秒简直度秒如年。我踢了它几下，但就像在糖浆里踢腿，我的双腿比铅还重，肌肉几乎无法做出反应。"

突然，鳄鱼松开了嘴。尽管达林顿的手臂肌肉和韧带被撕裂，右臂骨折，双手被刺穿，但他还是游到了岸边，并爬上了岸，向附近的一家医院走去。他后来说，这是他"走过的最长的一段路"。接受治疗后，达林顿给他的妻子写了封信，提到"与一只鳄鱼发生了一些事"，但没有透露细节。

他需要几个月来康复，但他对收集的热情并没有减退。在右臂失去知觉的情况下，达林顿发明了一种只用左手的采集技术：他在棍子的末端系上带软木塞的小瓶子，看到猎物时，就把棍子插进地里，用左手拔出软木塞，抓住标本，迅速把它塞进小瓶里，最后再塞上软木塞。

达林顿是一个低调而内敛的人，他过着妻子所描述的致力于科学和家庭的"完整的生活"。威尔逊和其他年轻的自然学家都对达林顿怀有深深的敬意，甚至是敬畏之情。因此，在达林顿敦促"自由自在，无拘无束"的威尔逊去新几内亚时，威尔逊很难拒绝。但当时威尔逊并非无牵无挂，他刚刚和他深爱的未婚妻蕾妮订婚。刚订婚就长期分居似乎难以忍受，但这次探险太重要了，不能错过。威尔逊将会离开10个月，其间，这对情侣基本上无法取得联系。

跟踪蚂蚁

达林顿就如何充分利用采集之旅向威尔逊提供了建议：

> 爱德华，采集昆虫时不要只停留在路上。大多数人都太轻视野外工作了，他们只是沿着小路走了一小段，这样只能采集到很少的物种。你应该穿过树林，越过你遇到的任何障碍。虽然这很难，但这是最好的采集方式。

这样的建议对一些学生来说可能是浪费口舌，但对爱德华·威尔逊来说不是。他把达林顿的话看作"大师对亲传弟子的指导"。

威尔逊的成长背景和经历都告诉他，正确的道路往往是艰辛的。这个哈佛学生的人生背景中没有任何特权，13岁的威尔逊住在阿拉巴马州的莫比尔，对他这个年龄的男孩来说，送报纸的工作并不稀奇，但是能给420个客户送报纸的却很少见。为了完成这个艰巨的任务，他每天早上3点起床，赶在7点半之前回家吃早餐，然后8点去上学。

加入美国童子军后，威尔逊的精神得到了进一步锤炼。他乐于接受挑战，对学习有关莫比尔周围自然环境的知识充满了热情。在短短3年里，他获得了46枚功勋徽章，并升为最高级别的鹰级童子军。

在发现了辛勤工作的乐趣和回报后，没有任何困难能阻止他成为他梦想中的博物学家，甚至连一只眼睛失明也没有。这件事发生在他7岁的时候，当时他在佛罗里达州的一个叫天堂海滩的地方过暑假。威尔逊的父母在忙着解决失败的婚姻带来的问题，把他送到了一个朋友那里，威尔逊每天都快乐地在岸边钓鱼。有一天，威尔逊在钓菱体兔牙鲷（一种背鳍上有10根刺的鲈鱼）时，用力过猛，鱼从水中跃出并打在他的脸上，其中一根刺扎进了他的右眼，带来了一阵剧痛。但由于想继续留在这里钓鱼，威尔逊并没有声张。接下来的一段时间里，疼痛有所缓解，但瞳孔最终变得浑浊，他的右眼失明了。

因此，威尔逊难以发现远处的动物，比如鸟类。幸运的是，他的左眼有异常敏锐的视力，所以他可以清楚地看到近距离的小物体，比如昆虫。命运已经被决定，威尔逊会成为一名昆虫学家。他会是什么样的昆虫学家呢？《国家地理》杂志上的一篇题为"蚂蚁：野蛮与文明"的文章勾起了威尔逊的对蚂蚁的兴趣。16岁时，威尔逊已经不只会从自家后院收集蚂蚁标本，他还仔细描述了每个物种、查阅书籍和科学论文，并与国内专家进行了通信。

8年后，蚂蚁将成为他在新几内亚的主要采集物种。威尔逊独自一人踏上了冒险的旅途，没有任何高科技设备。他只带了一个放大镜、镊子、标本瓶、笔记本、奎宁（治疗疟疾）、磺胺（治疗伤口和感染），以及"青春、渴望和无限的希望"。

威尔逊从波士顿出发，先到旧金山，然后在火奴鲁鲁和坎顿岛停留加油，最后到达斐济。从那里，他开始了一次岛屿之间的跳跃之旅：新喀里多尼亚、新赫布里底群岛（今瓦努阿图）、西澳大利亚，最后到新几内亚。他所到的每一个地方的每一种动植物对他来说都是新鲜的。

在岛屿上，威尔逊发现了各种各样的蚂蚁，它们有着不同的大小、形状和颜色，数量也非常丰富。他对着新喀里多尼亚地区的红色和黑色的蚂蚁着迷，在另一个地区的蚂蚁则是黄色的。在澳大利亚，巨型斗牛犬蚂蚁令他感到惊奇，这些蚂蚁和大黄蜂一样大，而且很容易被激怒。在新几内亚，在鹦鹉和青蛙喧闹的叫声中，他在一个地方采集了50多个物种。无论是在潮湿的丛林中汗如雨下，还是在干燥的沙漠中备受煎熬，或是被蚊子、苍蝇、水蛭围追堵截，威尔逊一直勇往直前。他穿越茂密的森林，翻过陡峭的山峦，进入深邃的山谷，穿过无数的村庄，采集了所有能找到的昆虫。这是一个实现梦想的过程，而且是通过艰苦的方式完成的。

长途旅行后，威尔逊沿着悉尼、珀斯、斯里兰卡、欧洲和纽约的路线回到了家中，是时候安定下来了。第一件事就是和蕾妮结婚，就在他们重逢后的六周后两人就完成了这个目标。而第二件事就是研究他从太平洋之旅中带回来的标本。

寻找模式

　　威尔逊的主要目标是采集美拉尼西亚的蚂蚁并对其进行分类，美拉尼西亚当时是一个鲜为人知的地区。在接下来的几年里，威尔逊在哈佛大学完成了对自己采集的样本的整理，记录了大量未知的物种。发现新物种是令人愉悦的，但与之前的达尔文和华莱士一样（第7章），威尔逊渴望了解物种分布中可能存在的模式，这些模式可以为他提供关于这些岛屿物种起源的线索。

　　在采集的过程中，威尔逊仔细记录了每种蚂蚁的生活区域、巢穴位置、蚁群大小和吃的食物等信息，并在其中发现了两个模式。第一个与物种在岛屿之间的扩散有关。他发现那些能够在新岛屿上建立"殖民地"并在整个岛链上扩散的物种通常起源于东南亚，它们更喜欢边缘栖息地，比如海岸或热带草原，而不是热带雨林。当这些物种到达另一个岛屿时，在这些边缘地区遇到的竞争物种较少。而一旦这些"移民"物种获得了滩头阵地，一些成员就能向内陆扩散，占据并适应新的栖息地，最终形成新的物种。

　　威尔逊注意到的第二个模式与每个岛屿上的物种数量有关。根据他与别人在摩鹿加群岛和美拉尼西亚群岛收集的数据来看，物种的数量和岛屿的总体面积之间似乎存在着相关性。在整个岛链中，物种数量会随着岛屿面积的增加而增加。在新几内亚岛这种非常大的岛屿上，也存在这种关系，特定区域的物种数量也与面积相关。

　　威尔逊的观察结果并不是什么新的发现。早在18世纪探险家就已经注意到，岛屿越大，物种就越多。这种普遍的相关性是合乎常理的——面积越大，通常意味着岛屿上的栖息地越多，所以也会有更多的适应这些栖息地的物种。但是当威尔逊将物种数量的对数和岛屿面积的对数绘制成图表时，他得到的是一条直线。这个结果表明物种与面积之间存在更具体的定量关系。

他的导师达林顿对这种关系也很感兴趣。威尔逊在美拉尼西亚的时候，达林顿正忙着写一本675页的有关动物地理分布的著作。在这本名为《动物地理学》的百科全书中，达林顿指出地域面积对动物数量和种类有深远影响。

达林顿研究了西印度群岛（包括古巴、伊斯帕尼奥拉、牙买加和波多黎各，以及较小的岛屿如蒙塞拉特岛、沙巴岛和雷东达岛）的爬行动物和两栖动物的数量。他注意到一个显著的整体关系："将区域面积除以10，两栖动物和爬行动物的物种数量就会减半。"例如，古巴的面积是波多黎各的10倍，拥有的物种数量则是波多黎各的2倍。达林顿将这一结果扩展到步甲，并提出物种与区域面积的关系是一种"经验法则"。这意味着它不像物理学定律那样具有普遍性，但是在很多情况下都适用。

这种相关性可以用数学表示为 $S=cA^z$，其中 S 是物种数量，A 是岛屿面积，c 和 z 是常数。对于威尔逊和达林顿研究的动物群体来说，常数 z 似乎约为0.3。

从规则到理论

对威尔逊来说，他的两个发现，即蚂蚁物种是如何在岛屿间扩散的，以及物种数量和区域面积之间的关系，激发了他的另一个想法。由于蚂蚁会入侵新岛屿，而物种数量又受到区域面积的限制，那么如果物种数量要保持平衡，即处于均衡状态，新物种必须以某种速度取代现有物种。

威尔逊与宾夕法尼亚大学年轻数学家兼博物学家罗伯特·麦克阿瑟分享了他关于动态平衡的想法。两人很快成为朋友，并在岛屿生物学方面进行合作。通过多次交谈，他们试图提出更精确的模型，以解释岛屿物种的种种模式。

麦克阿瑟想象了一个充满各种物种的岛屿，物种数量接近岛屿能够承受的极限。随着岛屿被物种占满，每年迁入的新物种数量会减少，新物种的迁移率会下降。同时，随着岛屿逐渐拥挤和竞争的加剧，现有物种的灭绝也会增加。因此，每一个过程——移民和灭绝——都是岛上已有物种数量的函数。麦克阿瑟绘制了迁移和灭绝过程的曲线，当曲线相交时，代表着迁移和灭绝的速度保持平衡，岛屿处于平衡状态。

在受到数学模型鼓舞的同时，两位生态学家意识到，一个模型或理论的价值在于它能够解释和预测除了用来推导它的情况之外的其他情况。世界各地的岛屿都非常古老，已经达到平衡，因此，他们面临一个问题：该怎么确定一个岛屿的物种占有率呢？毕竟他们无法见证物种的迁移过程。

威尔逊想起还有一个地方，博物学家曾在这里目睹过物种迁移：喀拉喀托岛。

1883年8月27日，这座位于苏门答腊岛和爪哇岛之间的小火山岛几乎在一次灾难性的喷发中被夷为平地。这次喷发产生了现代历史上最大的噪声，人们在近5000公里外的澳大利亚中部都能听到它喷发的巨响。由此引发的海啸造成3万多人死亡，大量的烟尘被喷射到大气层中，全球气温在接下来的一年里平均降低了0.6℃。岛上所有的东西，以及两个相邻的岛屿，都掩埋在火山灰下。

在接下来的几十年里，几位博物学家记录了植物和动物回到该岛南部剩余的三分之一的地区（现为拉卡塔岛）的情况。麦克阿瑟和达林顿利用他们的平衡模型，并根据亚洲其他岛屿鸟类的种–面积数据，计算出拉卡塔岛的平衡鸟类数量应在30种左右，并需要40年才能建立完成，此后每年会有一个新物种迁入和一个旧物种灭绝。博物学家收集的数据显示，到1908年，即火山爆发25年后，已有13种鸟类重新在岛上定居；到1921年，也就是火山爆发38年后，鸟类物种数量上升到27个；到1934年，物种数量没有发生变化，但有5个旧物种灭绝并被5个新物种取代。

这些观察结果与他们的预测非常接近。重新定居到该岛上的鸟类物种数量与火山爆发前的数量几乎完全相同，尽管它们并不都是相同的物种。此外，一些物种重新迁移到了该岛但又消失了，这证实了岛屿生态的再生是一个动态过程。

到目前为止，一起看起来还都不错，但喀拉喀托岛只是个例。也许麦克阿瑟和威尔逊只是运气好，生态再生就这样发生了。有没有办法复制这项研究呢？

迷你喀拉喀托火山

威尔逊对这个问题感到担忧。一座岛屿的毁灭是罕见的，一个世纪最多也就发生一次。即使世界上某个地方真的又有这样规模的岛屿火山喷发，要观察它的生态再生也需要30—40年。威尔逊的理论等不了那么久。

他突然灵光一现：他可以缩小研究范围！从麦克阿瑟的曲线中可以得出一个重要推论，那就是较小的岛屿比较大的岛屿更容易达到生态平衡。威尔逊意识到，与其研究像喀拉喀托这样大小的大岛，不如研究那些可更快重新定居的小岛。这些岛屿上的生物数量也少一些，更容易对种类进行计数。

威尔逊开始沿着大西洋和墨西哥湾寻找一系列小岛，不久，佛罗里达群岛引起了他的注意，它有成千上万个非常小的岛屿。1965年6月，威尔逊飞往迈阿密，租了一艘4米长的摩托艇，开始探索这些红树林小岛。

穿过浅泥滩，威尔逊很快又一次置身于荒野之中。他在红树林中漂流，与苍鹭和白鹭为伴。在探索每一片"土地"时，他都收集了标本并做了详细的记录，当然，这些"土地"通常只不过是一片红树林。

他后来写道："除了博物学家和逃犯，没人会选择穿越像胶水一样的泥滩，或者在红树林纠缠的根茎和树干中攀爬。"威尔逊就是那个快乐的博物学家，在船上吃午饭时，他会从船舷俯视海中的海鞘、海葵和小型石首鱼。"我的航行可能不是世界级的，但我和达尔文在英国皇家海军小猎犬号的航行一样满足。"

小岛上生活着各种小生物——蚂蚁、蜘蛛、蟋蟀和其他节肢动物。每个小岛上大约有20—50个物种，是他的理想实验室。接下来的问题是如何把这些岛屿改造成迷你喀拉喀托岛。威尔逊考虑过等待飓风淹没小岛，但他认为风暴太罕见且不可预测。更好的方法是亲自动手"毁灭"岛上的生命，并研究随后的生态变化。

威尔逊的勘察之旅结束后，研究生丹尼尔·辛伯洛夫（Daniel Simberloff）加入了这个项目。辛伯洛夫是一位天才数学家，但没有实地工作经验。他将在威尔逊回到哈佛任职时负责岛上的研究工作。

最初，他们尝试用一种名为对硫磷的短效杀虫剂杀灭岛上的昆虫，但结果证明它对钻入树木中的昆虫无效。威尔逊和辛伯洛夫询问了迈阿密的灭虫工人有没有其他杀虫剂。溴甲烷是一种有毒的气体，常用来熏蒸房屋，以消灭钻入木制品的白蚁。在被水包围的小岛上进行熏蒸是很困难的，但是足智多谋的灭虫员已经准备好迎接挑战了。

1966年10月，灭虫小组搭建了一个脚手架，将第一个小岛围在一个帐篷里，然后注入毒气。第二天，威尔逊和辛伯洛夫在岛上进行搜寻，没有发现遗留任何生命的迹象。由于这个操作非常成功，他们在6个小岛上重复了这个过程；还有两座附近的岛屿被留作对照组，没有进行任何处理。

帐篷被拆除，空荡荡的岛屿对任何可能经过的生物开放。辛伯洛夫在该地区待了一年，每18天进行一次调查，以监测这些小岛的情况。

生命以惊人的速度回归。几周内，蛾子、树皮虱和蚁后就在岛上出现了，蜘蛛也附着在蛛丝上从附近岛屿飘过来。在8个月内，除了一个离对照组最远的岛屿外，所有岛屿都恢复了与灭虫前相似的物种数量和种类，尽管不是完全相同的物种。在这段时间里，正如麦克阿瑟和威尔逊预测的那样，许多物种到达，又消失了。生物在这些空岛上定居是一个动态的过程。

后来，辛伯洛夫进行了一项关于岛屿面积对定居的影响的测试。他熏蒸了一组较大的红树林岛，让它们重新被定居并达到平衡状态。然后用链锯和手锯移除小岛上部分区域的植被。正如预测的那样，与较大的岛屿相比，缩小版的岛屿支持的物种更少。缩小岛屿上的物种动态更替表明，在较小的岛屿上，物种更容易灭绝。

从理论到实际

威尔逊和麦克阿瑟于1967年出版了《岛屿生物地理学理论》（*The Theory of Island Biogeography*）。这本书中充满图表、方程式、数学推理和岛屿物种数据。但是他们的观点并不局限于偏远岛屿上的生命数学。在书的第一页，他们写道：

> 加拉帕戈斯群岛和其他偏远群岛生动地展示了许多原则，这些原则都或多或少地适用于所有自然栖息地。例如，考虑到溪流、洞穴、潮汐池等的岛屿性质，针叶林会分解成苔原，苔原会分解成针叶林。同样的原则也适用于，并在未来会更加适用于正被文明侵蚀而破坏的栖息地。

其他生态学家和自然资源保护主义者立刻接受了从岛屿理论推广到其他孤立的自然区域的做法。岛屿面积和可支持的物种数量之间的关系，以及对物种灭绝率的影响，对现代公园和保护区的设计及效果有着深远的影响。这些地方通常是人类塑造的景观海洋中的自然孤岛。岛屿生物地理学理论还引发了一系列关于保护物种所需的保护区的大小、形状，以及道路和其他屏障对保护区内物种的影响的辩论。

在他的第一部重要著作发表之后的50年里，爱德华·威尔逊成了当时最受尊敬的生物学家之一。他接着创立了生物学的另一个领域：社会生物学，这是他在关于社会性昆虫研究中的开创性工作的成果。威尔逊还是一位才华横溢且高产的作家，有超过25本著作，因科学写作赢得过两次普利策奖，以及美国国家科学奖章。

对任何科学家或作家来说，这些都是非凡的成就，但威尔逊更大的成就在于，他利用自己雄辩的口才和对生物多样性的深入了解，让人们更多地关注人类活动对自然的影响。随着物种数量和分布范围的减少，许多物种已经濒临灭绝，威尔逊的呼吁变得越来越紧迫和大胆。

在他的著作《半个地球》（*Half-Earth*）中，威尔逊提出了一个新的保护目标：将地球表面的一半（陆地和水域）用于自然保护。他指出，近几十年来的所有保护工作，无论多么高尚，都是零散的，不足以遏制物种大规模灭绝的威胁。因此，我们需要一种更大胆的方法，一种基于他在大约60年前第一次遇到的种-面积关系的方法："根据物种与栖息地面积的关系……在全球表面的一半中，受到保护的比例约为85%。"威尔逊进一步指出，通过在这一半中纳入包含更多生物多样性或濒危物种的各种"热点区域"，这个比例还可以进一步增加。

现在大约有15%的陆地和3%的海洋受到保护，我们还有很长的路要走。但是威尔逊的"半个地球"提案激励了许多组织甚至政府去追求更高的目标。威尔逊希望人类能及时改变方向，他看到了巨大的潜力："如果我们愿意，到22世纪，地球可以变成人类永久的天堂，或者至少是一个的强大起点。"

第16章 曲棍球棒上的未来

拒绝相信你不喜欢的事情是很危险的。

——温斯顿·丘吉尔

查理斯·大卫·基林（Charles David Keeling）在获得化学博士学位后，似乎对自己的后续人生没什么规划。

1953年，第二次世界大战刚刚结束8年，石油公司和大型化工制造商都急需化学家。和他的研究生同学一样，基林（家人和朋友都叫他戴夫）有很多选择，也接到了几个录用通知。但与他的同学不同，基林并没有被聚合物化学家这个高薪的工作诱惑。相反，他想继续研究自己感兴趣的地质学，这意味着他要成为一名低薪的博士后。

作为一个热爱户外运动的人，基林喜欢高山和冰川，他还决定不在美国东部工作。因此，他采取了相当大胆的做法，给北美大陆分水岭以西的每个地质系写信，并表示自己愿意成为一名地质系的化学家。几乎所有地质系都拒绝了他，除了加州理工学院的哈里森·布朗（Harrison Brown）教授，他最近刚建立了地球化学系。布朗邀请基林到加州理工学院做他的第一位博士后研究员。

基林需要找到他在那里的研究项目。他拿到了原子能委员会的一笔资助，来研究从岩石中提取铀的方法。该项目涉及大量的岩石碎片，但基林认为这很无趣。他想把他的化学知识应用到更有趣的地质问题上。

有一天，他听到布朗在推测一个问题。河流和地下水通常会穿过石灰岩或从它上面流过，石灰岩主要由碳酸钙组成。一些碳酸盐会溶解在水中，这会影响家庭或农业用水的质量。布朗想知道是什么决定了水中碳酸盐的含量。他的假设是水中的碳酸盐含量应该与石灰岩和大气中的二氧化碳含量保持平衡。

基林对这个问题的本质很感兴趣，并意识到要解决这个问题需要去户外进行实地考察。基林很兴奋，他想亲自对其进行检验。布朗同意了，基林并不知道，他首次设计的地球化学研究会改变他未来40年的人生，并带来震撼人心的启示。

森林呼吸

这个项目看起来很简单：测量和比较水中的碳酸盐和空气中二氧化碳的含量。基林喜欢设计和制造东西，他迅速组装了一个提取和测量水中碳酸盐的系统。通过一系列反应，溶解的碳酸盐被转化成二氧化碳气体。然后通过压力计来测量气体的量。压力计是一种在水银柱上方有密闭空间的设备，水银柱的高度会根据气体的含量变化而变化。基林确定，他改良后的设计与以前的任何仪器一样精确甚至更精确，误差在0.1%以内，他迫不及待要进行实地试验了。

然而在出发之前，基林了解到大气中二氧化碳的含量并不为人所知。他不能仅仅依靠已经公布的数值，因为它们的变化很大，从1.5 %到3.5%不等。他需要直接测量空气中的二氧化碳含量，但似乎没有标准的测量方法，所以基林顺手解决了这个问题。为了收集空气样本，他制作了12个5升的玻璃烧瓶，每个烧瓶都用旋塞阀关闭以保持真空。他通过将烧瓶对着风，然后打开和关闭旋塞阀来收集样品。之后，他从空气样本中提取二氧化碳，并用压力计测量。基林在帕萨迪纳附近采集的测试样本中发现了不同浓度的二氧化碳。很明显，汽车、工业和后院的焚烧炉影响了他的测量。城市不是研究大气的好地方，所以他开始寻找更原始的环境。

加州海岸标志性的大苏尔地区离帕萨迪纳大约需要一天的车程，是一个很好的研究地点，那里的地下水与石灰岩接触。基林在大苏尔州公立公园露营了三周。他不确定沿海新鲜空气中的二氧化碳含量是否恒定，所以决定每隔几个小时采集一次空气样本，也就是说他需要在半夜从睡袋里爬出来。他还采集了大量的水样。

回到加州理工学院的实验室，基林的测量结果表明布朗的假设是不正确的。

这个假设很快就被遗忘了，因为基林发现了一个更有趣的现象：夜间采集的空气样本中的二氧化碳含量明显高于白天，差异高达0.7%。当基林测量他的二氧化碳样本中的碳同位素比率时，找到了一个可能会造成这种差异的原因。众所周知，植物在光合作用中优先利用碳-12而不是碳-13。相对于碳-12，夜间样本中的碳-13相对于碳-12有所减少。基林认为，同位素的差异可能表明，夜间增加的二氧化碳是植物和土壤释放的。

森林是否在白天吸入二氧化碳，晚上释放二氧化碳呢？

为了寻找答案，基林要去更多远离城市的地方，这倒是非常适合他。新婚不久的他和妻子露易丝开始了数据收集之旅，这也成了他们在美国西海岸的荒野中的共同冒险。他们一起去了约塞米蒂国家公园、红杉林、内华达山脉、安扎-博雷戈沙漠、亚利桑那州的高山和华盛顿州的奥林匹克国家公园。

无论在哪里，基林都发现白天二氧化碳浓度较低，晚上二氧化碳浓度较高的变化模式。此外，无论是在沙漠还是雨林，在海边还是在高山，下午的二氧化碳浓度非常相似，都约为3.1%。这种一致性表明，虽然当地生物每天都会产生二氧化碳循环，但日间空气的加热和混合在整个大气层中产生了几乎均匀的二氧化碳浓度。

在很短的时间内，基林对大气二氧化碳进行了精确而清晰的研究。他广泛的取样和一致的操作方法，揭示了二氧化碳浓度的日常变化和二氧化碳浓度的整体稳定性，之前的科学家在很大程度上忽略了这一点。现在他明白了以前研究结果之间存在差异的原因。

大规模的地球物理实验

人们普遍认为，二氧化碳虽然不像其他化学物质那样丰富，在大气中的体积比例只有0.03%，但它对地球上的生物、地质和气候都有深远的影响。生命依赖二氧化碳作为其碳的主要来源（通过光合作用）；由于其酸性特征，二氧化碳分子在岩石风化中也发挥着重要作用。而且，一个世纪以来，人们已经知道二氧化碳是一种重要的温室气体，对大气的热平衡有着强烈的影响。许多科学家对二氧化碳的这些作用感兴趣，所以基林和他的研究引起了他们的注意。

美国气象局研究主任哈里·韦克斯勒（Harry Wexler）就是其中之一。韦克斯勒对大气中二氧化碳的含量远没有像人们普遍认为的那么易变这一点非常感兴趣。他邀请基林去华盛顿特区做客。

这是基林第一次乘长途飞机旅行。他来到了拥挤破旧的气象局办公室，韦克斯勒解释说，第二年（1957年）被称为"国际地球物理年"，各国政府都启动了一些项目来纪念这一事件，也包括美国政府部门。气象局计划在几个偏远地区测量大气二氧化碳含量，包括夏威夷岛上的莫纳罗亚火山顶部。韦克斯勒对基林成功地测量了高海拔地区的二氧化碳含量的印象十分深刻，因此想要就此事征询他的意见。

基林表示担心，如果用已经被他证明不可靠的方法进行测量，项目可能会以失败收场。他建议使用他的烧瓶技术来校准一套部署在世界各地的自动气体分析仪。韦克斯勒同意了基林的建议，并问他是否愿意搬到华盛顿来执行这个项目。

在基林考虑韦克斯勒的提议时，另一位科学家听说了他的研究。罗杰·雷维尔（Roger Revelle）是圣地亚哥郊外的斯克里普斯海洋学研究所的所长，他对海洋与大气交换二氧化碳的过程非常感兴趣，也对海洋吸收燃烧化石燃料产生的二氧化碳的作用特别感兴趣。化石燃料是数百万年来埋藏在地下的腐烂生物形成的，包括石油、天然气和煤炭。

雷维尔并不是第一个考虑到燃烧化石燃料和向大气中释放更多的二氧化碳可能会对环境产生长期影响的科学家。19世纪末，瑞典化学家斯万特·阿伦尼乌斯（Svante Arrhenius）认识到，燃烧化石燃料会使他所谓的大气"温室"中二氧化碳含量增加，尽管他预计这在几个世纪或更长时间内都不会对环境产生明显的影响。20世纪30年代，英国煤炭工程师盖伊·卡伦达（Guy Callendar）通过计算得出大气中增加了数百万吨二氧化碳，并发现在过去50年里，全球气温上升了约0.6℃。

雷维尔和他在斯克里普斯的同事汉斯·苏斯（Hans Suess）最初认为，大部分或所有额外的二氧化碳将在释放后的约10年内被海洋吸收。但是后来他们意识到，海洋的化学性质使大部分被吸收的二氧化碳又被交换回到大气中。他们在1957年写道：

> 因此，人类正在进行一项大规模的地球物理实验，这种实验在过去是不可能发生的，在未来也不会重现。在几个世纪内，人类正在把储存在沉积岩中几亿年的浓缩有机碳归还给大气和海洋。

他们警告说：

> 目前由于这一原因导致的大气中二氧化碳浓度的增长量很小，但如果工业燃料消耗量继续呈指数增长，那么在未来几十年内，大气中二氧化碳含量可能发生显著的变化。

雷维尔邀请基林去斯克里普斯工作。在一个阳光灿烂的日子里，他们在圣地亚哥，汉斯·苏斯的后院共进午餐。微风从海上吹来，华盛顿昏暗的地下室办公室没有这样的环境，所以基林决定搬到斯克里普斯。

雷维尔的想法是对全球二氧化碳水平进行测量，以建立一个基准。也许20年后，有人会重复测量二氧化碳水平，那时就可以看出是否发生了变化。

然而基林有不同的想法。以他的经验来看，频繁的测量和极高的精确度对剔除虚假读数至关重要，而且还能揭示单次测量无法揭示的动态。他主张进行连续监测，这是一项技术上具有挑战性、后勤工作复杂且成本更高的计划。

幸运的是，气象局的韦克斯勒对基林决定在斯克里普斯工作表示理解，但希望他仍然能参与气象局的监测项目。因此，韦克斯勒提供了基林在斯克里普斯的薪水以及主要设备所需的资金，并提供了远程天气观测站的使用权限。雷维尔想测量海洋和整个大气中的二氧化碳含量，他制订了一项计划，在夏威夷的冒纳罗亚火山和南极小美洲的气象站，以及海上的一艘船和高空的一架军用飞机上连续测量二氧化碳水平。

地球在呼吸，二氧化碳含量在上升

到目前为止，基林的所有测量结果都是用他设计的烧瓶得到的。它们运行状况良好且价格低廉，但每次单独测量都很耗时。大规模的研究需要一种新的自动化方法。基林努力地在几台自动化气体分析仪装船运出去之前对它们进行了校准。但在缺乏电力的偏远地区对它们进行操作也很有挑战性。大约一年半之后，直到1958年夏天，冒纳罗亚火山和南极的机器才开始正常运行。

他们现在的主要任务是连续、准确地测量不同地区的二氧化碳水平。其目标首先是确定这种监测在技术上是否可行，其次是比较世界各地的数值。

基林访问冒纳罗亚火山后不久，在1958年11月，仪器检测到了一些意想不到的变化，火山上的二氧化碳含量逐月上升，又于次年5月开始下降，然后在10月底和11月初再次上升。基林意识到冒纳罗亚岛上二氧化碳含量的最高值出现在北半球植物长出新叶之前。他写道："我们第一次见证了大自然在夏天从空气中吸收二氧化碳供植物生长，随后在每个冬天将其返还给自然。"

南极的数据讲述了另一个令人非常惊讶的故事。可能是因为南半球温带和极地地区的植物生长面积较小，其二氧化碳含量没有像北半球那样出现明显的季节波动，但二氧化碳含量依旧有小幅且稳定的上升。在短短两年内，二氧化碳含量上升了近1%。对冒纳罗亚火山数据的仔细分析显示，除了季节性变化之外，二氧化碳水平还呈现出类似的年度上升趋势。

没有人预料到在最初研究的短时间跨度内，会检测到二氧化碳水平的长期上升。发现二氧化碳水平可能如此迅速地上升令人震惊并担忧。他们决定继续在多个地点进行监测。在接下来的几年里，二氧化碳含量上升的全球趋势得到了证实。

影响和反应

尽管观测到的二氧化碳含量的总体变化相对不大，而且该发现发表在一份技术期刊上，但基林的发现还是传到了决策者那里，并引起了一些关注。早在1965年，林登·约翰逊总统在为国会发表的特别致辞中就曾说："这一代人通过放射性物质和燃烧化石燃料导致二氧化碳含量不断增加，改变了大气的组成。"

约翰逊总统委托一个一流的科学咨询委员会准备一份分析环境威胁的报告。雷维尔和基林参与了其中一个专门小组的工作，编写了一份题为"化石燃料燃烧产生的二氧化碳——无形的污染物"的详细附录，探讨并解释了燃烧化石燃料与大气二氧化碳浓度上升之间的关系以及其对环境的潜在影响。

尽管他们只有几年的二氧化碳含量数据，但该小组拥有广泛的化石燃料消耗趋势和地下储备记录。他们计算出，大气的二氧化碳含量会在接下来的一个半世纪里增加近170%，并预测到2000年将增加14%—30%。基于当时对二氧化碳对地表温度影响的理解，他们预测二氧化碳含量增加25%时将在不同纬度和海拔产生不同的影响，导致全球平均地表温度上升0.6—4.2℃。该小组还列举了二氧化碳含量进一步上升将带来的一系列长期风险，包括南极冰盖融化、海平面急剧上升以及海洋变暖和酸化。

约翰逊称赞了委员会的工作，并表示："这份报告必将为许多方面的行动提供基础。"

可能性变成现实：气温上升

基林本人并不愿意涉足政治和决策，而是专注于获取和分析更多数据。他和总统顾问委员会提出了由于二氧化碳增加导致全球变暖的可能性。只有加强对全球环境的监测，人们才会知道为什么二氧化碳含量会增长得如此之快。

　　在接下来的40年里，基林不知疲倦地工作，以确保二氧化碳浓度监测工作的持续进行。他成功地在几个政府机构的人员和多次变化的优先事项中周旋，使该计划得以继续运行。到2000年，二氧化碳含量已经上升到3.69%，比1965年基林和他的小组成员预测的高出了15%。全球平均地表温度上升了不到0.6℃，略低于35年前估计的最低点。将过去1000年的地球温度变化的历史绘制成的图表被称作"曲棍球棒图"，之前相对稳定的温度就像是球棒长长的杆子，尖锐上翘的刀锋则表示温度会在未来进一步上升到未知的水平。（见图16.1）

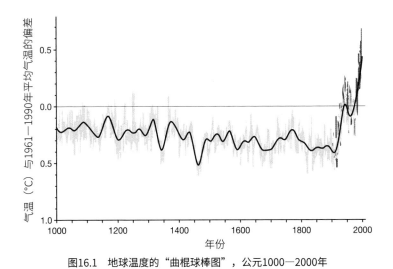

图16.1　地球温度的"曲棍球棒图"，公元1000—2000年

　　该图和被称为基林曲线的二氧化碳水平上升的曲线图已经成为全球变暖和气候变化的标志性符号。斯克里普斯研究所的一位后

续负责人表示，基林记录的二氧化碳水平"是20世纪最重要的环境数据集"，并补充说："戴夫·基林是一个活生生的证据，证明一个科学家可以通过紧密固守他的实验室工作台来改变世界。"2002年，乔治·W. 布什总统授予基林国家科学奖章，表彰他在大气和海洋二氧化碳方面的开创性和基础性研究，为理解全球碳循环和全球变暖奠定了基础。

2005年基林去世后，他的儿子拉尔夫（也是斯克里普斯的科学家）接管了二氧化碳监测项目。到2016年年底，大气中的二氧化碳含量已经攀升至4.05%。根据对极地冰芯的研究，这比工业化前的水平（约2.8%）高出了约45%，比地球历史上80万年前的任何时候都高。上一次全球二氧化碳含量达到4%是在300万—500万年前。此外，在过去的十年里，二氧化碳增长率已经从基林第一次开始测量时的大约每年百万分之零点七加速到大约每年百万分之二点一。这个速度比上一次冰河时代结束时快了100多倍。

2016年，也是自1880年有记录以来，136年的历史中最热的一年。在此期间，平均地表温度上升了约1℃。事实上，有记录以来的17个最热的年份中有16个发生在2001年之后。

许多国家支持将全球变暖限制在1.5℃以内，这表达了一个共同的观点：进一步变暖可能带来的影响太大，不应该冒险。目前，鉴于化石燃料消耗量的持续增长（如今化石燃料的消耗量是1958年开始监测二氧化碳含量时的三倍），这一目标能否实现还不确定。因此，地球未来的气候——"曲棍球棒"的刀锋部分——以及其对地球居民（无论是人类还是其他生物）的许多影响都是不确定的。

第五部分

生理学与医学

人类和动物的身体执行着许多复杂的任务，准确地说是令人吃惊的任务。例如，身体的所有细胞和组织都是由一个受精卵细胞发育而来；免疫系统可以抵御数以百万计潜在的微生物敌人；而我们的大脑则产生了语言、文字、音乐、艺术和思想。这些器官、系统和发育过程是现代生物学中最大的谜团。本部分中的三个故事揭示了生物学家是如何通过一些开创性实验洞悉发育（第17章）、免疫（第18章）和大脑（第19章）的奥秘。每项突破都获得了诺贝尔生理学或医学奖。

第17章　无限的潜力

心灵不是需要填满的容器，而是一团需要点燃的火。

——普鲁塔克

"画个橙子。"老师说。

这是学校智力测试的一部分。但1941年是英国不列颠之战[1]的第二年，由于食物和其他必需品的严格配给，橙子和香蕉此时还是奢侈品，8岁的约翰·格登（John Gurdon）要等到战后才能见到这两种水果。尽管如此，男孩还是开始画他想象中的橙子，他推断这种水果不会直接长在地面上，所以他画了根藤，让橙子挂在树上。

老师抓起那张纸撕了，然后告诉格登的父母，他"智力低下"，需要特殊教育。他的父母没有听从老师的话，而是很快把格登转到了另一所学校。在那里他茁壮成长，利用业余时间收集飞蛾

1　不列颠之战 （Battle of Britain）是第二次世界大战期间1940年至1941年纳粹德国对英国发动的大规模空战。

和蝴蝶，并饲养毛毛虫。

几年后，格登的父母将他送入伊顿公学，这是国王亨利六世于1440年创办的著名寄宿学校。约翰在伊顿公学里继续他关于昆虫的爱好。他的理科教员在给他父母的一份报告中评估了格登的天赋和前景：

> 这个学期的情况太糟糕了。格登的学习成绩一直不尽如人意。他准备的论题学得一点都不好，还撕碎了几张试卷，其中一份满分50分的作业他只得了2分，其他作业也同样糟糕。他不听劝告，坚持用自己的方式学习，因此遇到了很多麻烦。我相信他想成为一名科学家，但就他目前的表现而言，这是在痴人说梦。如果他连最基本的生物学知识都学不会，是没有机会成为专家的，这对他和老师们来说都纯粹是浪费时间。

格登在伊顿公学的第一门科学课也是他的最后一门课。在他的生物老师写下这份评语之后，15岁的格登被禁止继续学习科学课程，并在接下来的三年里只能学习古希腊语、拉丁语和其他适合基础学生的课程。

许多年后，瑞典国王卡尔十六世·古斯塔夫（Carl XVI Gustaf）为格登颁发诺贝尔奖时，这位生物老师并不在格登邀请的嘉宾之列。

寻找道路

在没能接受基础科学教育的情况下，这样一个看似糟糕的学生是如何取得这样的成绩的呢？

尽管在伊顿公学受到了打击，但格登还是决心要追求科学。然而，他接受的严格古典教育过于狭隘，很难进入大学。

幸运的是，格登的家里有些背景。事实上，格登家族在英格兰有着很深的根基，这个家族的祖先在1066年就随征服者威廉从诺曼底来到英格兰。据说，他的一位后裔，伯特伦·德·格登（Bertram de Gurdon）曾在1199年用弩射伤国王理查一世（狮心王）。还有传说称，罗宾汉传奇的故事中，有一部分正是基于什罗普郡的亚当·德·格登爵士（Sir Adam de Gurdon）率领一群侠盗在汉普郡森林的小路上抢劫贵族的事迹。后来一些格登家族的人，包括几位名叫约翰的人，从事了更受人尊敬的职业，成了国会议员，有些人甚至被封为爵士。

格登非常幸运，他的一个叔叔是牛津大学基督学院的研究员，基督学院是牛津大学的38个学院之一。格登参加了牛津大学的拉丁语和希腊语入学考试，并被告知只要他不学习这两门课程，他就可以进入大学。经过叔叔的介入和安排，格登被允许在经过一年的私人生物学补习后进入牛津大学学习。

格登顺利地从牛津大学毕业，他在这里学习了动物学，并继续研究他感兴趣的昆虫。在他的大学生涯即将结束时，他想继续攻读昆虫学博士学位。虽然这个愿望未能实现，但迈克尔·菲施贝格（Michael Fischberg）教授邀请他去研究发育生物学。

寻找奥秘

格登首先需要找到一个研究对象。

生物学家一直认为，动物从卵到成体的发育过程是生物圈中最令人惊叹的现象之一。一个受精卵细胞是如何发育成有头、尾、四肢、大脑、肠道和许多其他器官的复杂生物，也是生物学中最大的谜团之一。人们对影响胚胎发育的机制知之甚少。

发育过程从胚胎早期的未分化细胞开始，发展到成体后产生多种分化细胞。其中一个悬而未决的问题是，从未分化的细胞到分化的细胞，细胞的发育在多大程度上是单向的。胚胎学家汉斯·斯佩曼（Hans Spemann，1935年获诺贝尔奖）在几十年前就对此进行过研究。斯佩曼发现，将一个8细胞的蝾螈胚胎分离成单个细胞时，每个细胞都能发育成完整的蝾螈蝌蚪；但从发育后期的胚胎中分离出来的细胞，则不能发育成完整的个体。据此，细胞一旦分化，似乎就失去了发育成完整个体的能力。

后来的两位先驱者，罗伯特·布里格斯（Robert Briggs）和托马斯·金（Thomas King）在斯佩曼实验的基础上，进行了进一步实验。他们将不同发育阶段的豹蛙的细胞核移植到被移除细胞核的卵细胞中，并测试这些卵细胞发育成蝌蚪的能力。他们发现，将早期豹蛙胚胎细胞的细胞核移植到无核卵细胞中时，卵细胞可以发育成蝌蚪；然而，将较老的胚胎中分化较快的体细胞的细胞核移植到无核卵细胞中后，胚胎出现了发育异常，不能发育成蝌蚪。这些观察结果引出了一个问题：为什么体细胞没有发育成完整个体的能力？

由于细胞功能的差异是由细胞核决定的，那么很明显答案一定与基因有关。事实上，人们已经认识到，既然每个物种都能产生自己的忠实副本，而基因又决定了性状，那么可以肯定的是，基因一定会影响发育。格登于1956年开始读研究生，三年以前，人们刚刚发现了DNA的双螺旋结构。这比发现信使RNA（1960年）要早几年，也比从有机体中分离出基因早得多。可以说，当时人们还对基因的实际工作原理一无所知。

年轻细胞和衰老细胞能力不同的原因是一个谜团。菲施贝格建议格登进一步对其进行研究。

不同的蛙，不同的科学家，不同的结果

菲施贝格、格登和其他生物学家想到的一种可能性是，体细胞在分化过程中可能会丢失一些基因；还有一种可能是，体细胞可能会以某种不可逆的方式沉默基因。格登想弄清楚：一个生物体内所有类型的细胞中是否都有相同的基因？但是，如果没有能直接研究基因的方法，他怎么可能弄得清楚呢？

菲施贝格鼓励格登重复已经在豹蛙身上进行过的细胞核移植实验，不过是用另一种蛙来做。他认为，如果格登得到了同样的结果，那么就可以证实体细胞的能力确实被限制了，他就可以继续研究产生能力限制的原因；另一方面，如果格登获得了不同的结果，那么这个问题将会被重新讨论。

之所以使用蛙类做实验，是因为两栖动物的胚胎细胞通常较大，易于操作，可以大量获得，并且能够在体外发育。格登选择了非洲爪蟾（*Xenopus laevis*）作为实验物种。与豹蛙不同，非洲爪蟾

可以全年产卵，个体成熟也更快（非洲爪蟾可以在1年内达到性成熟并产卵，而豹蛙则需要3—4年的时间）。

这个实验有许多需要克服的技术障碍。格登必须学会如何移除卵细胞的细胞核，以及如何挑选单个供体细胞并将其细胞核显微注射到卵细胞中。他还需要确定去除细胞核的卵细胞中没有任何可能有助于发育的卵子染色体残留，并能够验证供体细胞核移植后发育的胚胎是来自供体细胞核。

菲施贝格实验室有两项重要的发现。首先，实验室中有一台带有紫外线光源的显微镜，格登试验后发现紫外线照射在卵核上可以破坏卵细胞的染色体；其次，实验室的一名学生希拉·史密斯（Sheila Smith）搞到了一只变异的蛙，这只蛙的二倍体细胞中只有一个核仁，而不是正常的两个（核仁是细胞核中的一种结构，含有制造部分核糖体的基因，但人们当时并不知道这一点）。菲施贝格意识到，单核仁可以作为一种可见标记用于移植实验，来区分供体（一个核仁）和受体（两个核仁）细胞。

格登的细胞核移植实验使用的供体细胞谱系与布里格斯和金的相同。与二人一样，格登发现他可以稳妥地用早期爪蟾胚胎的囊胚期或原肠胚期的供体细胞核培育出蝌蚪，成功率约为36%。但不同的是，布里格斯和金没能用较老的肠道细胞核培育出正常的蝌蚪，格登则在700多次实验中培育出了10只正常的蝌蚪。

这一结果只占不到移植总数的1.5%，但这一小部分样本与移植后没有发育的样本有显著的不同。格登的研究结果表明，体细胞的细胞核可以被卵细胞"重新编程"，从而分化出身体的所有组织和细胞。发育正常的蝌蚪表明，分化不是不可逆转的，细胞在分化过程中不会失去基因。

有人对一个研究生能否独自研究并重复布里格斯和金所做的开创性工作——甚至还推翻了它们——产生了怀疑。格登和前辈们之间的一个关键区别是，他尝试移植了更多较老的细胞核，因此能够观察到并重复罕见的成功。

派出克隆体！

毕业后，格登在美国待了一段时间。格登不在的时候，他的前导师菲施贝格帮他照看着他的蛙，这些蛙成熟后是有繁殖能力的，而且它们的基因都与供体青蛙相同，因此可以说它们是"克隆"的。这首次证明了"重新编程"的体细胞可以发育成具有繁殖能力的成年动物。后来，格登用一只白化的蛙作为供体，培育了一群克隆蛙，并拍摄了一张令人惊叹的照片。

除了科幻小说中的故事情节外，体细胞核移植也有一些潜在的实际意义，例如，使用体细胞核移植再生身体组织。但是，从体细胞克隆出哺乳动物这件事30多年后才得以实现。这主要是因为哺乳动物的卵子体积太小（约为两栖动物卵子体积的1/1000），导致操作难度太大。1996年，科学家首次成功利用乳腺细胞核克隆出一只名叫多莉的母羊。此后，科学家又利用成年供体细胞核克隆了老鼠、奶牛、山羊、猪、兔子和猫等动物。

这些成功的经验表明，成熟的细胞核在无核卵细胞中被重新编程的能力在物种间广泛共享。但是，如果没有卵细胞，成熟的细胞还能否被重新编程呢?

2006年，山中伸弥（Shinya Yamanaka）和他的同事发表了一项惊人的发现：只需通过添加4种被称为转录因子的蛋白质来对基因表达进行调节，小鼠的成纤维细胞（形成结缔组织的细胞）就能重新获得产生体内所有类型细胞的能力。山中伸弥的团队还证明了这4种转录因子也可以重新编程人类成纤维细胞，并将这些重新编程的细胞称为"诱导性多能干细胞"（iPSCs；多能，指它们有可能产生大多数或所有类型的细胞）。这些发现为从个体中培育几乎所有类型的细胞铺平了道路，iPSCs也正在被应用于许多临床研究当中。

2012年，在格登发表突破性论文那年（1962年）出生的山中与格登，因发现"成熟细胞可被重新编程为多能干细胞"共同获得了诺贝尔生理学或医学奖。

第18章　免疫兵工厂

创造就是重新组合。

——方斯华·贾克柏，1965年诺贝尔奖获得者

早在出生以前，我们就已经暴露在胎盘的细菌中了。我们一出生就接触到了更多微生物，从那时起，我们生活在一个由数百万种细菌、真菌和病毒组成的世界里。

在成年后，我们体内和身体上的细菌细胞（约40万亿个）比我们自己的细胞还要多。大约1000种细菌连同大约80个真菌属的物种一起构成了人类微生物群系。这些还只是"常驻居民"，并不包括那些让你咳嗽和打喷嚏的家伙。

我们靠什么抵御外来微生物的大举进攻呢？

答案是我们的免疫系统。我们和所有的脊椎动物，包括鱼类、两栖动物、爬行动物、鸟类和哺乳动物，都拥有一个"适应性"免疫系统。"适应性"是指它几乎能针对任何入侵的外来物产生特异性抗体，这正是长期以来建立的疫苗接种实践的基础。但免疫系统

是如何制造出数百万种不同的抗体的，在很长一段时间中都是一个谜团，困扰着大量的研究人员，包括许多优秀的免疫学家。

35岁的利根川进（Tonegawa Susumu）并不是一位免疫学家，事实上，他没有接受过任何正规的免疫学方面的教育。然而，正是他惊人的发现揭开了抗体多样性的神秘面纱。

科学上的突破方式多种多样。有时，是一种新的实验，例如移植细胞核或投掷海星，揭示了一种新的现象。有时，是新技术的发明，例如显微镜或望远镜，可以让我们看到以前看不见的东西。新的实验和强大的新技术推动了利根川进的研究发展。事实上，在研究取得突破的过程中，他利用了至少四个同时期的诺贝尔奖获得者的成果。

悖论

自19世纪以来，免疫系统的重要性和神秘性引起了医学和科学界极大的兴趣。到了20世纪70年代，人们已经充分认识到，人体的免疫系统可以对任何入侵者——细菌、病毒、真菌或寄生虫——甚至几乎任何外来物质（如蛋白质或多糖）做出反应。众所周知，免疫应答的一个主要分支涉及一类被称为B细胞的白细胞。B细胞一旦被外来物质或抗原激活，就会分化成浆细胞，分泌能与抗原特异性结合的抗体蛋白。抗原与抗体一旦结合，抗体就会清除体内的外来物质。在极少数情况下，不能产生抗体的人会遭受严重的、反复的甚至危及生命的感染。

抗体蛋白的结构很清晰，它是由四条多肽链组成的Y形分子：两条较长的"重链"和两条较短的"轻链"。"Y形"是由链排列组合而成的，重链和轻链相互结合，并通过二硫键连接在一起，重链本身也由二硫键连接在一起。重链和轻链的氨基末端结合在一起形成一个三维口袋，称为抗原结合位点，每个抗体分子有两个抗原结合位点。抗体的特异性是由抗原结合位点的氨基酸序列决定的。

当时人们还并不清楚，人体是如何几乎可以针对所有抗原产生出如此多样的特异性抗体的。事实上，有证据表明，人体甚至可以针对在自然界中不存在的人工合成化学物质产生具有特异性的抗体。人或动物可能遇到的抗原的潜在化学多样性是如此巨大，免疫系统需要数百万（也许是数千万或数亿）种不同的抗体才能全部识别它们。

这种多样性引出了一种基因悖论：抗体是由基因编码的蛋白质，但基因组中真的会含有数百万个抗体基因，也就是数百万个重链基因和轻链基因吗？这似乎很难想象，因为100万个重链和轻链基因的遗传密码至少要占据20亿个DNA碱基对，这差不多是整个人类基因组的三分之二；另一方面，人们也想不明白还有什么机制可以产生这种多样性。

免疫学家提出了两个主要的假设。生殖细胞系理论认为，每个抗体分子的基因都编码在基因组中，并且存在大量的重链基因和轻链基因。体细胞理论认为，是B细胞在发育过程中产生了某些变化，使B细胞从少量的重链基因和轻链基因中产生了抗体多样性。然而，这种机制并没有先例，而且体细胞中任何基因的重新排列都会违反格登确立的已被普遍接受的原则，即体细胞与生殖细胞系具有相同的DNA含量（第17章）。

海阔天空

1971年，当利根川进第一次来到瑞士巴塞尔免疫研究所时，他面临的挑战是没有获得抗体基因的工具，没有真核基因被分离出来，也没有可用的技术来确定动物体内抗体基因的数量或结构。他必须随机应变并不断创新。

人们对抗体结构和功能的深入了解来源于免疫学家对产生抗体的骨髓瘤的研究，这是一种特殊的浆细胞癌。研究表明，特定骨髓瘤产生的抗体分子都是相同的。然而，对许多不同骨髓瘤抗体分子的氨基酸序列的检测表明，在不同抗体之间，每个蛋白质肽链的轻链和重链的氨基末端区域是不同的，而其余部分几乎没有变化。这两个区域分别被称为可变区（V）和恒定区（C）。

生物学家意识到这是抗体出现多样性的重要线索。不论原因是什么，都必须解释清楚为什么蛋白质的一端比另一端更易变。然而，抗体多样性的生殖细胞系理论或体细胞理论并不能解释可变区和恒定区的存在。

关键问题仍然是轻链基因和重链基因的数量，这个数字是什么量级的：是几百万还是更少？

利根川进想做个尝试。当时，一种纯化特定信使RNA（mRNA）的方法刚刚被付诸实践，基于DNA杂交动力学来估算DNA序列的相对拷贝数的技术也已被开创。利根川进从骨髓瘤细胞系中纯化了一个轻链mRNA，用放射性物质对其进行标记，并研究了它与整个小鼠基因组DNA的杂交动力学。他还研究了一种已知只有一到两个拷贝的基因的信使RNA。结果表明，轻链的恒定区有相对较少的基

因编码。这一结果提示利根川进，由于生殖细胞系几乎没有轻链基
因，因此一定是某种体细胞机制在起作用。

有机玻璃托盘

从对整个基因组DNA中轻链基因数量进行粗略计算，到从分子
水平理解机制还有很长的路要走。利根川进需要一种研究抗体基因
本身的方法，他想从大量基因组DNA中分离抗体基因。

汉弥尔顿·史密斯（Hamilton Smith）在细菌中发现了限制性
内切酶，这种酶可以将双链DNA按特定序列进行切割，这一及时性
的发现将有助于开启基因工程时代，并使他获得了1978年诺贝尔生
理学或医学奖[1]。利根川进意识到，他也许能将小鼠的DNA切割成
更小的片段，其中就可能包含单抗体基因。然而，检测这些基因需
要将成千上万的DNA片段分离开来，而此时这项技术还没有被发明
出来。

一天，利根川进碰巧在研究所的冷藏室里发现了解决方案。有
人将淀粉凝胶倒入了一个巨大的有机玻璃托盘中，并使用电泳法，
根据蛋白质的大小和携带的电荷量对血清蛋白质进行分离。利根川
进觉得这种技术可能同样适用于分离DNA片段。如果是这样，他
就可以在这些片段中寻找编码抗体基因的片段。最重要的是，他认

1　汉弥尔顿·史密斯曾经在1978年与丹尼尔·那森斯（Daniel Nathans）、沃
纳·亚伯（Werner Arber）共因限制酶的发现而获得诺贝尔生理学或医学奖，之后
曾参与细菌及人类基因组的研究。

为，如果在产生抗体的细胞中发生了某种重组，那么编码抗体的基因就可能位于生殖细胞和骨髓瘤细胞的不同DNA片段上。

此时限制性内切酶还没有商业化，所以利根川进和博士后研究员真道保住（Nobumichi Hozumi）必须亲自生产和纯化他们自己的限制性内切酶。然后，他们将2升融化的琼脂糖倒入有机玻璃托盘中，使其凝固，再插入一个隔板将凝胶分成两半，并分别在隔板两侧的凝胶顶部切一个孔。他们在每个孔中放入了5毫克用限制性内切酶处理过的胚胎DNA或小鼠骨髓瘤DNA，并对DNA进行3天的电泳。随后，他们将这两边的凝胶分别切成30片薄片，提取DNA，并使其与放射性标记的轻链mRNA或其3个片段进行杂交。

结果和他们预计的一样清楚。轻链mRNA会与两条胚胎DNA单链杂交，但只与骨髓瘤DNA中的完全不同的一段DNA单链进行杂交。这表明V区和C区在胚胎DNA中位于不同片段上，但在骨髓瘤DNA中位于同一片段上。因此，轻链基因的V区和C区在抗体产生的细胞中更接近。

这一结果震惊了免疫学家和生物学家。尽管利根川进在当时还是个默默无闻的人，但他已经获得了强有力的证据，证明抗体基因在发育过程中会重新排列和重组。这也是第一次在动物身上发现此类过程的证据。这个独家新闻只是个开始。

眼见为实

有机玻璃托盘实验得到了不错的结果，但仍然是抗体基因动力学的一个非常不清晰的视图。为了了解重组过程，还需要研究单个胚胎和骨髓瘤的轻链和重链基因及其序列。DNA克隆技术适时地出现了，这种技术可以从微生物宿主中分离单个DNA片段，在1972年被发明时（另一项诺贝尔奖获得者的成就）就是个有争议的课题，曾一度被叫停。经过生物学家进行安全和伦理问题评估，DNA克隆技术才在一套严格监管的规则下重新启用。

利根川进和他的团队首先从胚胎细胞和骨髓瘤细胞中克隆出含有轻链基因的DNA。他认为观察每个克隆体是如何与轻链mRNA杂交的是比较克隆体内基因排列的一种迅捷又有效的方法，因为可以直接通过电子显微镜看到RNA-DNA杂交体。

利根川进本人缺少这项技术的专业知识，所以他去见了克里斯汀·布拉克（Christine Brack），并询问她是否愿意加入这项研究。布拉克是一位成就斐然的电子显微镜学家，隶属于巴塞尔另一家研究所。布拉克立即同意了，刚刚开始工作几周，她就特别开心地找到利根川进，向他展示了自己拍摄的清晰的分子图像。在适当的条件下，RNA与和其互补的DNA单链杂交。通过电子显微镜可以观察到，如果没有与之互补配对的RNA，DNA单链是环状的。

这些环状的DNA单链清楚地表明，在胚胎DNA中，V区和C区确实是分开的，但二者在骨髓瘤细胞中连在一起。令利根川进和所有人惊讶的是，二者并非紧密相连，在V区和C区之间还有一个DNA区域，但在mRNA中没有这个区域。这是首次在动物体内发现内含子，内含子是基因中一段在成熟的mRNA转录中没有编码序列的DNA。就在几个月前，有人在病毒中第一次发现了内含子（这一发现获得了1993年诺贝尔生理学或医学奖）。

为了了解基因的精确结构——哪些碱基编码了蛋白质的哪一部

分——需要确定它们的精确序列。当时DNA的测序方法还没有被发表。然而，已经有两个实验室开发出了两种不同的方法（这些先驱们很快获得了1980年诺贝尔化学奖）。利根川进与其中一个实验室合作，确定了第一批抗体的基因序列。

DNA测序带来了另一个惊喜。DNA编码V区末端轻链短序列区域位于其自身的V段和C段之间的区域。V段和C段两段基因通过J段链接，这一小段被就称为"连接区"。因此，轻链不是由两个单独的DNA片段组成的，而是由V段、J段和C段三段组成的。

单个轻链基因详细的片段结构揭示了抗体链是由片段组合而成的。然而，了解抗体多样性的关键问题仍然存在：这样的片段到底有多少？它们能产生多少种不同的抗体？

组装兵工厂：组合的力量

随着DNA克隆和分析技术的迅速普及，关于抗体基因的知识也迅速积累。因重链基因与轻链基因位于不同的染色体，分析表明，单个链由四个基因片段组合而成：除了V段、J段和C段之外，V段和J段之间还包括第四个片段，D段。

类似于计算纸牌游戏中可能的手牌数量，我们可以很容易地计算出人体的抗体基因总量：给定每种花色的牌数和花色数，就可以计算出随机抽取三、四或五张牌各有多少种不同的牌面，抗体基因也是如此。通过知道有多少个V、J或D基因片段，并假设它们被随机重组以形成单独的V区，就可以计算出可能的重链和轻链的数量。（C区对其他抗体功能很重要，但不参与抗原结合，因此它们不属于多样性计算的那部分。）

例如，人类有51个重链V段，27个重链D段和6个重链J段。如果将这些中的每一个随机组合起来组装成重链的V区，人类可以制造出51×27×6=8262个不同的重链V区。这是由84个（51+27+6）基因片段组成的大量重链。

人类还有由40个V段和5个J段组成轻链（称为κ），以及由30个V段和4个J段组成另一种轻链（称为λ）。同样，如果这些是随机组合的，则有40×5=200个不同的κ V区域，以及30×4=120个不同的λ V区域。因此，79个基因片段总共有320个轻链V区。

还有一种更重要的方法可以帮助我们计算出大概的抗体总数。单个轻链和单个重链多肽的结合，产生了抗体及其抗原结合位点。假设轻链和重链是随机组合的，并且使用所有的组合，那么就有320×8262种组合方式，也就是超过260万种不同且可能存在的人类抗体。所有这些多样性仅仅来自163个基因片段（84个重基因片段和79个轻基因片段）。这意味着人体能产生的抗体数量是其基因组中基因片段数量的1万倍以上。

这就好像从一副标准的52张扑克牌中随机抽出5张牌，可以有近260万种牌面。

简单的数学运算展示了组合机制的惊人结果。然而，浆细胞通过一种更特殊的遗传技巧加速了多样化进程。在活性分裂B细胞中，重链和轻链的可变区以比其他DNA序列的背景率[1]高约100万倍的速

1　背景率：用于计算在没有疫苗或其他干预措施的情况下，某一特定人群在一段时间内某一疾病的预计病例数，可以与接种疫苗后统计的病例数进行比较。

度进一步发生突变。这种"体细胞超突变"过程将抗体多样性的兵工厂扩大了至少10倍。

　　物理学家和诺贝尔奖获得者让·佩兰（Jean Perrin）说，科学进步的关键是能够"用一些简单的不可见来解释复杂的可见"。凭借着独创性以及前沿领域上可行的实验，利根川进让我们第一次看到了人体是如何从少量不可见的基因中组装出一个强大的抗体兵工厂，对抗它遇到的任何东西。由于发现了抗体多样性产生的遗传原理，利根川进被授予1987年诺贝尔生理学或医学奖。

第19章　一个大脑，两种思维

> 我右脑里的巨大快乐和感觉，是我左脑无法用言语告诉你的。

> ——罗杰·斯佩里，1981年诺贝尔奖得主

在搜索引擎、Kindle、维基百科、iPod和谷歌地图出现之前，金·皮克（Kim Peek）就已出生了。

皮克于2009年去世，享年58岁，那时他已熟读12000本书，掌握了至少15个学科的各种知识，包括世界和美国历史、地理、太空探索、文学、体育、莎士比亚和圣经。他能分辨出上百首古典音乐作品，知道美国每个州的邮政编码，并能说出任何两个主要城市之间的旅行路线，给皮克任何一个过去的日期，他几乎可以立即说出那是哪一周的哪一天。

皮克通过消化信息积累了大量的知识，这无人能敌。他在18个月大的时候就能够背诵别人念给他听的书。后来，他能同时阅读翻开的书本的两页：左眼一页，右眼一页——只需8到10秒，他可以

在一个多小时内读完500页的小说。即使在这样的速度阅读下，几个月或几年之后，皮克依旧能完全回忆起人物角色，甚至是书中的引文。一旦"记录"下这本书，他就会把它倒放在书架上。

然而，皮克在27岁时接受过一次智商测试，虽然某些单项成绩较高，但他的总得分仅为87分，低于平均分100分。皮克的运动能力和协调能力都很差，他得拖着脚走路，很难完成系扣子和做日常家务之类的事。因此皮克被认为是"学者综合征"人士，这通常被用来描述在某些领域表现出非凡能力，但同时患有发育障碍的人。据估计，大约10%的孤独症患者在记忆、数学或日历计算方面是天才，但几乎没有人能像皮克一样拥有非凡的能力。

在动物界，只有人类大脑具有产生语言和文字、创造艺术和音乐以及推理的独特能力，这也构成了生物学中一些最迷人但仍未解开的谜团。皮克的非凡能力，以及它们如何与重度残疾共存，却又是一个更深层次的谜团。

生物学上的大多数进步都来自于对模型物种的实验以及其重复实验，例如细菌转化实验、青蛙卵注射实验和狗的视网膜实验等。然而，又应该如何去研究这些人类大脑所独具的、无法由其他物种替代的能力？大脑的常见功能已经可以通过动物研究得到答案，而人脑的一些特殊能力也已经通过对少数像皮克这样具有非凡能力或条件的人的研究得到了答案。

缺少连接

自然，科学家和医生对皮克的大脑非常感兴趣，并试图从解剖学的角度解释他的能力。磁共振成像扫描显示，皮克的大脑很大，但有几个区域不正常。负责平衡的小脑畸形，这可能是他缺失协调能力的原因。最明显的是胼胝体的缺失——胼胝体是连接大脑左右半球的一束神经组织。

胼胝体在人脑的早期功能研究和医学中占有重要地位。1939年，罗切斯特大学医学中心的外科医生威廉·范瓦格宁（William Van Wagenen）试图治疗10名严重癫痫患者，这些患者承受着剧烈且无法控制的癫痫。范瓦格宁之前观察到，当肿瘤破坏胼胝体时，两名脑瘤患者的癫痫发作减少了。他推断，癫痫是由于使人衰弱的大脑活动波席卷了大脑的两个半球，而胼胝体约2.5亿条神经传导左右脑半球之间的大部分电信号，切断这种连接可能对癫痫患者有帮助。

这种极端的手术从未有过先例，但范瓦格宁和他的患者们都选择孤注一掷。范瓦格宁从患者颅骨顶部进入胼胝体，他必须打开大部分颅骨才能触及这个位于大脑深处的索状结构。事实上，手术的确使大多数患者癫痫发作的频率严重程度大大降低。令人惊讶的是，心理测试显示这些患者在智力、记忆、运动技能或行为方面没有很大变化。尽管患者的胼胝体被切断，大脑两个半球的联系也被切断，但这些患者仍然是"正常的"。

为什么大脑的最显著的特征之一和左右半球的连接对其发挥正常功能的影响如此之小？由于没有胼胝体的人似乎也能正常工作，当时的一些观察员打趣道，胼胝体似乎只是用来促使癫痫发作，或者只是用来将两个脑半球连接在一起。

这个现象在20世纪50年代初引起了神经生物学家罗杰·斯佩里

（Roger Sperry）的兴趣。斯佩里并不接受胼胝体似乎可有可无的说法。他和他的学生在猫和灵长类动物身上，通过手术切断纤维束和左右脑之间的连接，开展了一系列关于胼胝体功能的研究。

即使大脑半球之间其他较小的连接也被切断，这些被称为"裂脑动物"的实验体行为仍然很正常，和未手术的动物一样警觉、活跃、协调，并保持着同样的性情。

然而斯佩里及其团队发现，至少就裂脑的功能而言，外显行为是具有欺骗性的。在进行能够区分两个大脑半球活动的测试后，他们发现裂脑动物大脑一侧接收到的东西并没有传递给另一侧大脑。

例如，切断猫的胼胝体和视交叉（视交叉是视神经从两眼出发后，交叉到对侧大脑半球的另一连接）后，训练它通过推动面板让其对圆形或方形等几何形状做出反应，以获得食物奖励。但重点是，一个形状只展现给一只眼睛。一旦这只猫掌握了这种训练，他们就把它的这只眼睛蒙上，然后把同样的形状展现给另一只眼睛，但这只猫好像从来没有见过那个形状一样。

这同样适用于其他的大脑系统，比如那些基于触觉的系统。斯佩里及同事训练猫用前爪从两个看不见的脚踏板中（硬的或软的）选择一个来获取食物。胼胝体完好的猫用一只爪子学会后，在被迫使用另一只爪子时也能完成任务。但胼胝体被切断的猫，必须重新学习这项任务。

动物对特定测试的反应取决于是哪一侧的大脑受到刺激。斯佩里写道："好像两个大脑半球都是独立的精神区域，运作时彼此完全无视，完全没有意识到另一个半球发生了什么。"对猴子的测试也得出了类似的结果，这表明哺乳动物通常需要胼胝体来让两个大脑半球共享学习和记忆。自然，斯佩里想知道人类是否也是如此。达特茅斯大学的本科生迈克尔·加扎尼加（Michael Gazzaniga）也想知道，所以大四前的那个暑假他是在加州理工学院的斯佩里实验室度过的。

范瓦格宁认为他的裂脑病人没有表现出明显的缺陷。但是他的检查是否足够认真，是否做了正确的测试？加扎尼加想重新对罗切斯特的患者进行测试，他们显然是唯一一群接受过裂脑手术的人。尽管手术总体上是成功的，而且患者术后表现良好，但由于某种原因，这项手术并没有在其他地方重复进行。

加扎尼加找到了20年前的一位主治医生，这位医生同意向他提供病人的信息以便找到他们。加扎加尼和斯佩里设计了一些实验，然后，带着一车心理测试设备前往罗切斯特，不料到了那里却被这位医生告知，自己改变主意了，不想让加扎尼加接触这些病人。

尽管加扎尼加空手而归，但他仍决心研究大脑。在获得了本科学位后，他申请到加州理工学院读研，正式加入了斯佩里的实验室。

威廉·詹金斯

加扎尼加在研究生院的第一天就接到了任务：在加州理工学院研究裂脑患者。唯一的困难是，除了被拒绝接触的罗切斯特那些患者之外，其他地方都没有裂脑患者。

这个问题很快就解决了。1960年夏天，洛杉矶一家医院的神经外科住院医生约瑟夫·伯根（Joseph Bogen）值班时，一名48岁的男性患者因非常严重的癫痫被送进了急诊室。伯根了解到威廉·詹金斯（William Jenkins）是一名二战老兵，他曾空降敌后，却不幸被俘，又被步枪枪托击中。在受伤后的15年里，他的癫痫发作情况逐渐加重，每天发作7—10次，任何药物都没有效果。

接下来的几个月里，伯根对詹金斯这个病例产生了浓厚的兴趣。伯根之前在加州理工学院做过博士后，他导师的办公室就在斯佩里的隔壁。伯根知道斯佩里和范瓦格宁的裂脑手术，他认为这个手术可能会对詹金斯有帮助。这位前伞兵愿意接受手术，他告诉伯根："你知道吗，即使这对我的癫痫没有任何帮助，但如果你能从中学到一些东西，这将会比我多年来所做的任何事情都更有价值。"

伯根说服了神经外科主任同意做这个手术。他们认为最好先用尸体进行模拟手术。在此期间，伯根遇到了加扎尼加。他们很快便成了朋友，并设计了一系列在手术前后进行的测试。

手术于1962年2月进行，非常成功地减少了詹金斯的癫痫发作频率。此外，詹金斯的智力和性格似乎没有发生任何变化。事实上，詹金斯说他感觉比患病前都要好。斯佩里在喝咖啡闲聊时说："人们几乎不会怀疑他有什么不同寻常之处。"当然，这些不同寻常之处得靠加扎尼加来发现。

一个大脑，两种思维

一天下午，加扎尼加开始对詹金斯进行一系列有关大脑半球功

能的测试。他从视觉处理开始。加扎尼加让詹金斯看着屏幕上的圆
点。然后，他让圆点的右边闪过一个正方形的图片，时间只有100毫
秒。众所周知，每只眼睛接收的信息都由对侧的大脑半球处理。正
方形将由左半球处理。

"你看到了什么？"加扎尼加问道。

"一个盒子。"詹金斯回答。

"好，我们再来一遍。"

加扎尼加让另一张正方形的图像闪过，但这次是在圆点的左
边，而它将被右脑处理。

"你看到了什么？"加扎尼加问道。

"什么也没看见。"詹金斯回答。

"什么也没看见。你什么都没看见吗？"加扎尼加追问道。

"什么都没看见。"詹金斯重复道。

这个发现让加扎尼加心跳加速，他必须得处理他刚刚目睹的一
切。由于右脑和左脑之间的连接被切断，右脑就不能把它看到的东
西传递给控制语言的左脑。就好像一个脑袋里有两种思维在活动，
一个会说话，另一个不会。

加扎尼加又尝试进行了另一种测试，这次是在圆点的两边各
闪过一个圆圈。他让詹金斯用任意一只手指出他看到的东西。在这
个测试中，詹金斯能够指出两边的形状：他用左手指着左边闪过的
圆圈，用右手指着右边闪过的圆圈。这意味着右脑半球可以看到图
像，并对它所控制的手做出非语言反应（右脑半球控制左手；左脑
半球控制右手），但是右脑半球不能说出它看到的东西。

加扎尼加后来将测试范围扩展到触觉。詹金斯被蒙上眼睛，这

样他就看不见加扎尼加把什么东西放到了自己手里。把物体放进詹金斯的右手时，他毫不费力就认出了它。但把它放到左手（由右半球控制）时，詹金斯就无法说出该物体的名字。

然而，右脑完全能够完成其他视觉运动任务。加扎尼加给了詹金斯四块彩色积木，然后给他看一张展示积木排列顺序的图片。詹金斯用左手（由右半球控制）可以快速而正确地排列这些积木。但他尝试用右手（由左脑控制）做同样的事情时。他变得手足无措，甚至无法把它们排列成2×2的正方形。

令人惊讶的是，詹金斯的右手挣扎无措时，他的左手经常会试图帮忙。加扎尼加不得不让詹金斯坐在他的左手上，以免右手受到干扰。但是让詹金斯用双手完成任务时，加扎尼加发现了一个惊人的现象：一只手完全不知道另一只手在做什么：在左手正确地移动积木时，右手就会打乱排列。加扎尼加后来写道："两个独立的精神系统似乎在为它们的世界观而斗争。"

这种挣扎揭示了正常大脑的两个半球比任何人想象的都更加各司其职。

斯佩里意识到，对于裂脑研究来说，人类是比猴子等动物更好的研究对象。斯佩里及其同事可以更快地进行测试，并探测人类大脑的关键功能，比如动物没有的语言和文字。该研究项目经过多年的发展，已经有大约12名裂脑者作为志愿者参与了研究。

这些研究证实并扩展了之前在威廉·詹金斯身上的发现。也就是说，大脑的两个半球控制着思维和行动的不同方面。左半球在语言和文字方面起着重要作用；右半球则擅长视觉和运动任务，包括空间模式、脸部识别、视觉图像和音乐方面。而胼胝体是两个大脑半球共享和整合信息的必要条件。

由于他在大脑半球专业化方面和对"大脑内部世界"洞察方面的开创性发现，斯佩里获得了1981年的诺贝尔生理学或医学奖。

《雨人》

尽管斯佩里及其同事见解深刻，但要如何解释金·皮克的情况呢？他出生时没有胼胝体，却可以记录、检索和交互来自两个大脑半球的信息。考虑到这些"天才行为"，斯佩里猜到了一部分原因：皮克的大脑在发育过程中一定以某种方式获得了补偿。一个从来没有胼胝体的大脑可能会认为它自己本身就是被连接在一起的，它的功能与那些发育正常而后又被切断的大脑不同。

皮克非凡能力的来源不得而知，但他的故事却广为人知。1984年，编剧巴里·莫罗（Barry Morrow）在德克萨斯州的一次聚会上认识了皮克。几个小时的时间里，皮克以其惊人的记忆力和闪电般的计算速度让莫罗大吃一惊。这次相遇激发了莫罗创作电影《雨人》的灵感。这部虚构的电影讲述了一个由达斯汀·霍夫曼（Dustin Hoffman）饰演的孤独症天才的故事。为了准备这个角色，霍夫曼与皮克相处了一整天。

这部1988年的热门电影获得了8项奥斯卡提名。当霍夫曼上台领取奥斯卡最佳男主角奖时，他说："特别感谢金·皮克的帮助，让《雨人》成为现实。"莫罗甚至把自己奥斯卡编剧奖的小金人送给了皮克。

霍夫曼的这番话激起了人们对皮克的极大兴趣，皮克是这部电影的真实灵感来源。霍夫曼鼓励皮克的父亲与世界分享他非凡的儿子，他也确实这样做了。直到2009年皮克去世，他已经在世界各地成千上万的人面前公开露面，展示自己的能力，并为残疾人代言。

科学研究的基本过程

科学研究的基本过程是指理解和解释自然界的一系列既定步骤。下面小标题中的步骤构成了大多数科学探究的基础，包括本书中的每个故事。

观察

科学过程通常始于观察。可能是注意到自然界的某种模式，例如一系列岛屿上的物种分布；也可能是注意到一种现象与另一种现象的相关性，例如吸烟人群的癌症发病率较高。

问题

观察可能会引发关于潜在因果的关系问题。例如，为什么相邻的岛屿上的物种会略有不同？或者，吸烟致癌吗？

提出一个假设

假设是对一个或多个观察结果的初步解释。一个有用的假设有两个关键特点：

（1）它必须是可验证的。必须有一些方法可以用来收集关于这个假设的证据，这些证据可以支持或反驳这个假设。

（2）它应该做出具体的预测。这些预测通常以"如果……那么……"的形式出现。例如，"如果吸烟会导致肺癌，那么吸烟者的肺癌发病率应该显著高于不吸烟者"。

检验假设

任何解释，无论多么有趣或吸引人，要想成为科学的解释，都必须经过检验。科学家一定会问：这个假设是否与现有知识一致？是否与新的信息一致？其预测结果是正确的吗？要想知道答案，就必须收集并解释证据，其中通常包括以下活动：

（1）收集数据。收集数据的方式多种多样，从进行更多的观察到测量任何可能与手头的假设相关的变量。例如，在评估吸烟导致肺癌的假设时，可以收集人们的年龄、性别、饮食、饮酒情况、每天吸烟的数量、吸烟的年数、家族中是否有人吸烟、是否有癌症家族史等数据。

（2）进行实验。另一种检验假设的方法是进行实验。如果涉及细胞或活生物体，这些实验可以在实验室中进行，也可以在自然环境中进行；如果涉及关于人体的测试，甚至可以在医院中进行。例如，一种进一步检测吸烟和癌症之间联系的方法是，让细胞或动物暴露在香烟烟雾中，进行观察及测量数据。

（3） 分析和解释数据。一旦获得数据，就必须对结果进行分析和解释。关键问题在于获得的证据是支持还是反驳假设的。如果是后一种情况，就可能需要对假设进行修改，甚至完全推翻这个假设，再寻找其他可以解释这些观察结果的假设。如果证据支持假设，那么研究者就需要判断现有证据是否足够支持他们与其他科学家分享这个结果和解释。

（4）接受同行评议。科学思想、结果和结论的分享是通过科学出版过程进行的，在这个过程中，需要其他独立的科学家评估其中的证据是否能支持所得出的结论。如果一篇论文成功地通过了同行评议，它就将被发表在科学期刊上。科学方法的主要期望之一是可重复性：其他有能力的科学家应该可以重复论文中的观察和实验，并获得同样的数据和结果。可重复性可以增强人们对支持特定结论的证据的信心。然而，如果某些证据无法被再现，人们就会对先前的结论产生怀疑。

参考文献

Aagaard,K.,J.Ma,K.Antony,et al.(2014). The Placenta Harbors a Unique Microbiome. *Science Translational Medicine*,6(237):237-265.

Acland,G.M.,G.D.Aguirre,J.Bennett,et al.(2005).Long-Term Restoration of Rod and Cone Vision by Single Dose rAAV-Mediated Gene Transfer to the Retina in a Canine Model of Childhood Blindness. *Molecular Therapy,*12(6):1072-1082.

Acland,G.M.,G.D.Aguirre,J.Ray,et al.(2001). Gene Therapy Restores Vision in a Canine Model of Childhood Blindness. *Nature Genetics*,28:92-95.

Akelaitis,A.J.(1944).A Study of Gnosis,Praxis and Language Following Section of the Corpus Callosum and Anterior Commissure. *Journal of Neurosurgery*,1(2):94-102.

Allen,G.E.(1978). *Thomas Hunt Morgan:The Man and His Science*. Princeton, NJ: Princeton University Press.

Avery,O.T.,C.M.MacLeod,and M.McCarty.(1944).Studies on the Chemical Nature of the Substance Inducing Transformation of Pneumococcal Types: Induction of Transformation by a Desoxyribonucleic Acid Fraction Isolated from Pneumococcus Type III. *Journal of Experimental Medicine*, 79(2):137-158.

Barghoorn,E.S.and J.W.Schopf.(1966). Microorganisms Three Billion Years Old from the Precambrian of South Africa.*Science*,152(3723):758-763.

Barlow,N.(1963).Darwin's Ornithological Notes. *Bulletin of the British Museum (Natural History) Historical Series*, Volume 2, no.7.London: Trustees of the British Museum.

Beddall,B.G.(1969).*Wallace and Bates in the Tropics: An Introduction to the Theory of Natural Selection*. London: Macmillan.

Bennett,J.(2014). My Career Path for Developing Gene Therapy for Blinding Diseases: The Importance of Mentors, Collaborators, and Opportunities. *Pioneer Perspectives*,25:663-670.

Bennett,J.,T.Tanabe,D.Sun,et al.(1996).Photoreceptor Cell Rescue in Retinal Degeneration(rd)Mice by In Vivo Gene Therapy. *Nature Medicine*, 2(6):649-654.

Binney,G.(1926).*With Seaplane and Sledge in the Arctic*. New York: George H.Doran Company.

Blaese,R.M.,K.W.Culver,A.D.Miller,et al.(1995).T Lymphocyte-Directed Gene Therapy for ADA SCID: Initial Trial Results after 4 Years.*Science*, 270(5325):475-480.

Bonen,L.,R.S.Cunningham,M.W.Gray,and W.F.Doolittle.(1977). Wheat Embryo Mitochondrial 18S Ribosomal RNA:Evidence for Its Prokaryotic Nature. *Nucleic Acids Research*,4(3):663-671.

Bonen,L.and W.F.Doolittle.(1975). On the Prokaryotic Nature of Red Algal Chloroplasts. *Proceedings of the National Academy of Sciences*, 72(6): 2310-2314.

Brack,C.,M.Hirama,R.Lenhard-Schuller,and S.Tonegawa.(1978). A Complete Immunoglobulin Gene Is Created by Somatic Recombination. *Cell*,15:1-14.

Briggs,R.and T.J.King.(1952). Transplantation of Living Nuclei from Blastula Cells into Enucleated Frogs' Eggs. *Proceedings of the National Academy of Sciences*, 38(5):455-463.

Briggs,R.and T.J.King.(1957). Changes in the Nuclei of Differentiating

Endoderm Cells as Revealed by Nuclear Transplantation. *Journal of Morphology*,100(2): 269-311.

Brock,T.D.(1967). Life at High Temperatures:Evolutionary,Ecological,and Biochemical Significance of Organisms Living in Hot Springs Is Discussed. *Science*,158(3804):1012-1019.

Brock,T.(1998). Early Days in Yellowstone Microbiology. *American Society for Microbiology News*,64(3):137-140.

Brock,T.D.,K.M.Brock,R.T.Belly,and R.L.Weiss.(1972). *Sulfolobus*: A New Genus of Sulfur-Oxidizing Bacteria Living at Low pH and High Temperature. *Archives of Microbiology*,84:54-68.

Brock,T.D.and H.Freeze.(1969).*Thermus aquaticus* gen.n.and sp.n.,a Nonsporulating Extreme Thermophile. *Journal of Bacteriology*, 98(1):289-297.

Brown,D.M.and A.R.Todd.(1952). Nucleotides.Part X.Some Observations on the Structure and Chemical Behavior of the Nucleic Acids. *Journal of the Chemical Society (Resumed)*,52-58.

Brundage,J.F.and G.D.Shanks.(2008). Deaths from Bacterial Pneumonia during 1918-19 Influenza Pandemic. *Emerging Infectious Diseases*, 14(8):1193-1199.

Bruner,J.(1996). *The Culture of Education*. Cambridge, MA:Harvard University Press.

Brush,S.G.(1978). Nettie M.Stevens and the Discovery of Sex Determination by Chromosomes.*lsis*,69(2):162-172.

Bye B.A.,F.H.Brown,T.E.Cerling,and I. McDougall.(1987). Increased Age Estimate for the Lower Palaeolithic Hominid Site at Olorgesailie, Kenya. *Nature*,329:237-239.

Carroll,S.B.(2009).*Remarkable Creatures: Epic Adventures in the Search for the Origin of Species*. Boston:Houghton Mifflin Harcourt.

Carroll,S.B.(2016).*The Serengeti Rules: The Quest to Discover How Life Works and Why It Matters*. Princeton, NJ:Princeton University Press.

Chargaff,E. (1950). Chemical Specificity of Nucleic Acids and Mechanism of Their Enzymatic Degradation. *Experiments*,6:201-209.

Constable,C.,N.R.Blank,and A.L.Caplan.(2014). Rising Rates of Vaccine Exemptions: Problems with Current Policy and More Promising Remedies. *Vaccine*,32:1793-1797.

Cooper,A.,C.Mourer-Chauvire,G.K.Chambers,et al.(1992). Independent Origins of New Zealand Moas and Kiwis. *Proceedings of the National Academy of Sciences*,89:8741-8744.

Crick,F.(1988).*What Mad Pursuit: A Personal View of Scientific Discovery*. New York: Basic Books.

Dahlstrom,M.F.(2014).Using Narratives and Storytelling to Communicate Science with Nonexpert Audiences. *Proceedings of the National Academy of Sciences,* 111(4):13614-13620.

Darland,G.,T.D.Brock,W.Samsonoff,and S.F.Conti.(1970). A Thermophilic, Acidophilic Mycoplasma Isolated from a Coal Refuse Pile. *Science*, 170(3965): 1416-1418.

Darlington,P.J.(1957). *Zoogeograpby: The Geological Distribution of Animals*. New York: Wiley.

Darlington,P.J.(1971). The Carabid Beetles of New Guinea. Part IV. General Considerations; Analysis and History of Fauna; Taxonomic Supplement. *Bulletin of the Museum of Comparative Zoology*,142(2):129-197.

Darwin,C.(1837-1838).Transmutation of Species. Notebook B.CULDAR121. Transcribed by Kees Rookmaaker. Darwin Online. http://darwin-online. org.uk/.

Darwin, C. (1838-1841). *The Zoology of the Beagle*, Part 3.Birds. London: Smith, Elder and Co. Darwin Online. http://darwin-online.org.uk/.

Darwin,C.(1839).*Narrative of the Surveying Voyages of His Majesty's Ships Adventure and Beagle between the Years 1826 and 1836 Describing Their Examination of the Southern Shores of South America and the Beagle's Circumnavigation of the Globe,* Volume III.London: Henry Colburn,Great Marlborough Street.

Darwin,C.R.(1869).*On the Origin of Species by Means of Natural Selection, or The Preservation of Favoured Races in the Struggle for Life,* 5th edition. London: John Murray.

Darwin,C.(1890). *A Naturalist's Voyage Around the World: The Voyage of the H.M.S.* Beagle. New York:Appleton and Co.

Darwin,C.(1909). *The Foundations of the Origin of Species: Two Essays Written in 1842 and 1844,*Francis Darwin(Ed.). Cambridge: Cambridge University Press.

Davidson,K.(1999). Carl Sagan: *A Life.* New York:Wiley.

Day,M.(1976).Hominid Postcranial Material from Bed I,Olduvai Gorge.In G.I. Issac and E.R.McCown(Eds.),*Human Origins: Louis Leakey and the East African Evidence.* Menlo Park,CA:W.A.Benjamin.

Deer,B.(2004).Focus:MMR-the Truth Behind the Crisis. *Sunday Times,* February 22,2004.

Delbrück,M.(1949).A Physicist Looks at Biology. Quoted in Archibald, J.(2014). *One Plus One Equals One* (p.88). Oxford: Oxford University Press. Reprinted in Cairns,J.,G.S.Stent,and J.D.Watson,eds.(1966).*Phage and the Origins of Molecular Biology.* Cold Spring Harbor,NY:Cold Spring Harbor Laboratory Press. Original source: Delbrück,M.(1949).*The Transactions of the Connecticut Academy of Arts and Sciences,*38:173-190.

Dubos,R.J.(1956). Oswald Theodore Avery.1877-1955. *Biographical Memoirs of Fellows of the Royal Society,*2:35-48.

Egan,K.(1989).Memory,Imagination,and Learning:Connected by the Story. Phi

Delta Kappan,70(6):455-459.

Elton,C.S.(1924).Periodic Fluctuations in the Numbers of Animals: Their Causes and Effects. *British Journal of Experimental Biology*,2:119-163.

Elton,C.S.(1927). *Animal Ecology.* New York:Macmillan.

Elton,C.S.(1983).The Oxford University Expedition to Spitsbergen in 1921:An Account,Done in 1978-1983.Norsk Polarinstitutt Bibliotek. Norsk Polarinstitutt, Oslo.http://brage.bibsys.no/xmlui/handle/11250/218913.

Estes,J.A.and J.F.Palmisano.(1974).Sea Otters:Their Role in Structuring Nearshore Communities.*Science*,185(4156):1058-1060.

Estes,J.A.,T.Terborgh,J.S.Brashares,et al.(2011). Trophic Downgrading of Planet Earth.*Science*,333(6040):301-306.

Fiebelkorn,A.P.,S.B.Redd,K.Gallagher,et al.(2010). Measles in the United States during the Postelimination Era. *Journal of Infectious Diseases,* 202(10):1520-1528.

Findley,K.,J.Oh,J.Yang,et al.(2013).Topographic Diversity of Fungal and Bacterial Communities in Human Skin. *Nature*,498:367-370.

Fry,M.(2016).*Landmark Experiments in Molecular Biology.* London: Academic Press.

Gazzaniga,M.S.(1998).The Split Brain Revisited. *Scientific American*, 279(1):50-55.

Gazzaniga,M.S.(2015). *Tales from Both Sides of the Brain.* New York: HarperCollins.

Gazzaniga,M.S.,J.E.Bogen,and R.W.Sperry.(1962). Some Functional Effects of Sectioning the Cerebral Commissures in Man. *Proceedings of the National Academy of Sciences*,48(10):1765-1769.

Godlee,F.,J.Smith,and H.Marcovitch.(2011). Wakefield's Article Linking MMR Vaccine and Autism Was Fraudulent. *British Medical Journal*,342:7452.

Goldenfeld,N.(2014). Looking in the Right Direction. *RNA Biology*, 11(3):248-

253.

Gordon,S.(1922).*Amid Snowy Wastes: Wild Life on the Spitsbergen Archipelago.* New York:Cassell and Company.

Green,R.E.,J.Krause,A.W.Briggs,et al.(2010).A Draft Sequence of the Neandertal Genome. *Science*,328(5979):710-722.

Gribaldo,S.,A.M.Poole,V.Daubin,et al.(2010).The Origin of Eukaryotes and Their Relationship with the Archaea:Are We at a Phylogenetic Impasse? *Nature Reviews Microbiology*,8:743-752.

Griffith,F.(1922).Types of Pneumococci. *Reports to the Local Government Board on Public Health and Medical Subjects.* No 13,pp.20-45. Ministry of Health. London:His Majesty's Stationery Office.

Griffith,F.(1923).The Influence of Immune Serum on the Biological Properties of Pneumococci. *Reports of the Local Government Board on Public Health and Medical Subjects.* No.18,pp.1-13.Ministry of Health. London: His Majesty's Stationery Office.

Griffith,F.(1928).The Significance of Pneumococcal Types. *Journal of Hygiene (London)*, 27(2):113-159.

Gurdon,J.B.(1962).The Developmental Capacity of Nuclei Taken from Intestinal Epithelium Cells of Feeding Tadpoles. *Development*,10:622-640.

Gurdon,J. B.(2013).The Egg and the Nucleus: A Battle for Supremacy. *Development,*140:2449-2456.

Gurdon,J.B.and J.A.Byrne.(2003).The First Half-Century of Nuclear Transplantation. *Proceedings of the National Academy of Sciences*, 100(14):8048-8052.

Gurdon,J.B.and V.Uehlinger.(1966). Fertile Intestine Nuclei.*Nature*,210: 1240-1241.

Hadzigeorgiou,Y.(2016). Narrative Thinking and Storytelling in Science. In Imaginative Science Education. *Springer International Publishing.*

Hairston,N.G.,F.E.Smith,and L.B.Slobodkin.(1960).Community Structure, Population Control,and Competition. *American Naturalist*, 94(879):421-425.

Harrison,G.(2007).*I, Me, Mine*. San Francisco: Chronicle Books.

Herman,D.,M.Jahn,and M.L. Ryan(Eds.).(2010).Routledge Encyclopedia of Narrative Theory. New York: *Routledge*.

Hozumi,N.and S.Tonegawa.(1976). Evidence for Somatic Rearrangement of Immunoglobulin Genes Coding for Variable and Constant Regions. *Proceedings of the National Academy of Sciences*,73(10):3628-3632.

Hugenholtz,P.,C.Pitulle,K.L.Hershberger,and N.R.Pace.(1998). Novel Division Level Bacterial Diversity in a Yellowstone Hot Spring. *Journal of Bacteriology*,180: 366-376.

Hviid,A,M.Stellfeld,J.Wohlfahrt,and M.Melbye.(2003). Association between Thimerosal-Containing Vaccine and Autism. *Journal of the American Medical Association*, 290(13):1763-1766.

Immunization Safety Review Committee Board on Health Promotion and Disease Prevention.(2004) *Immunization Safety Review: Vaccines and Autism. Institute of Medicine of the National Academies*. Washington,DC: National Academies Press.

Intergovernmental Panel on Climate Change.(2001).*Climate Change 2001:The Scientific Basis*. Contribution of Working Group I to the Third Assessment Report of the Intergovernmental Panel on Climate Change,J.T.Houghton,Y. Ding,D.J.Griggs, M.Noguer,P.J.van der Linden,X.Dai,K.Maskell,and C.A.Johnson(Eds.).Cambridge and New York: Cambridge University Press.

Jacob,F.(1977). Evolution and Tinkering. *Science*,196(4295):1161-1166.

Judson,H.F.(1979). *The Eighth Day of Creation: Makers of the Revolution in Biology*. New York: Simon and Schuster.

Keeling,C.D.(1957).Variations in Concentration and Isotopic Abundances of Atmospheric Carbon Dioxide.In H.Craig(Ed.),Recent Research in Climatology.Proceedings of a conference held at Scripps Institution of Oceanography,La Jolla,California,March 25-26,1957(pp.43-49). La Jolla,CA:Committee on Research in Water Resources and University of California.

Keeling,C.D.(1958).The Concentration and Isotopic Abundances of Atmospheric Carbon Dioxide in Rural Areas. *Geochimica et Cosmochimica Acta*,13:322-334.

Keeling,C.D.(1960).The Concentration and Isotopic Abundances of Carbon Dioxide in the Atmosphere. *Tellus* 12(2):200-203.

Keeling,C.D.(1998).Rewards and Penalties of Monitoring the Earth. *Annual Review of Energy and Environment*,23:25-82.

Keynes,R.D.(2001). *Charles Darwin's Beagle Diary*. Cambridge: Cambridge University Press.

Kipling,R.(1970). The Collected Works of Rudyard Kipling. New York:AMS Press.

Klug,A.(2004). The Discovery of the DNA Double Helix. *Journal of Molecular Biology*,335:3-26.

Krause,J.,L.Orlando,D.Serre,et al.(2007).Neanderthals in Central Asia and Siberia. *Nature*,449:902-904.

Krings,M.,A.Stone,R.W.Schmitz,et al.(1997).Neandertal DNA Sequences and the Origin of Modern Humans.*Cell*,90:19-30.

Lancet.(1941). Obituary:Frederick Gritfith. *Lancet* (May 3,1941),237:588-589.

Leakey,L.S.B.(1959). A New Fossil Skull from Olduvai. *Nature*,184:491-493.

Leakey,L.S.B.(1974). *By the Euidence:Memoirs,1932-1951*. New York:Harcourt Brace Jovanovich.

Leakey,L.S.B.,J.F.Evernden,and G.H.Curtis.(1961). Age of Bed I,Olduvai Gorge, Tanganyika. *Nature*,191:478-479.

Leakey,L.S.B.,P.V.Tobias,and J.R.Napier.(1964). A New Species of the Genus
    Homo from Olduvai Gorge.*Nature*,202:7-9.

Leakey,M.D.(1966).A Review of the Oldowan Culture from Olduvai
    Gorge,Tanzania. *Nature*,210:462-466.

Leakey,M.D.(1979).*Olduvai Gorge:My Search for Early Man*. London:Collins.

Leakey,M.D.(1984).*Disclosing the Past.Garden City*, NY: Doubleday.

Leakey,M.D.and R.L.Hay.(1979). Pliocene Footprints in the Laetolil Beds at
    Laetoli,Northern Tanzania. *Nature*, 278:317-323.

Leakey,R.(1983). *One Life:An Autobiograpby*. London: Michael Joseph.

Lewis,R.(2012). *The Forever Fix:Gene Therapy and the Boy Who Saved It*.
    New York: St.Martin's Press.

Lindahl,T.(1997). Facts and Artifacts of Ancient DNA. *Cell*,90(1):1-3.

Lloyd-Price,J.,G.Abu-Ali,and C.Huttenhower.(2016). The Healthy Human
    Micro-biome. *Genome Medicine*,8(51):1-11.

Longstaff,T.(1950). *This My Voyage*. New York:Charles Scribner's Sons.

Lydekker,R.(1904).*Library of Natural History,Volumes II-IV*. New York,
    Akron,and Chicago:Saalfield Publishing Company.

MacArthur,R.H.and E.O.Wilson.(1967). *The Theory of Island Biogeograpby*.
    Princeton,NJ,and Oxford: Princeton University Press.

Maddox,B.(2002). *Rosalind Franklin: The Dark Lady of DNA*. New York:
    HarperCollins.

Madsen,K.M.,A.Hviid,M.Vestergaard,et al.(2002). A Population-Based Study
    of Measles,Mumps,and Rubella Vaccination and Autism. *New England
    Journal of Medicine*,347(19):1477-1482.

Maguire,A.M.,F.Simonelli,E.A.Pierce,et al.(2008). Safety and Efficacy of
    Gene transfer for Leber's Congenital Amaurosis. *New England Journal of
    Medicine*,358:2240-2248.

Margulis,L.(1975).Symbiotic Theory of the Origin of Eukaryotic Organelles;

Crite-ria for Proof. *Symposia of the Society for Experimental Biology*, 29:21-38.

Margulis,L.(1998). *Symbiotic Planet:A New Look at Evolution*. New York:Basic Books.

Margulis,L.(2005). Hans Ris(1914-2004), Genophore,Chromosomes and the Bacterial Origin of Chloroplasts. *International Microbiology*,8:145-148.

Marshall,B.J.(2002). *The Discovery That Helicobacter pylori,a Spiral Bacterlum,Caused Peptic Ulcer Disease*. In B.Marshall(Ed.),Helicobacter Pioneers（pp.165-202). Victoria,Australia:Blackwell Science Asia.

Marshall,B.J.(2005). Helicobacter Connections: Nobel Lecture,December 8,2005.In K.Grandin(Ed.),Les Prix Nobel. The Nobel Prizes 2005(pp.250-277).Stockholm:Nobel Foundation(2006).

Marshall,B.J.,J.A.Armstrong,D.B.McGechie,and R.J.Glancy.(1985). Attempt to Fulfil Koch's Postulates for Pyloric Campylobacter. *Medical Journal of Australia*, 142:436-439.

Marshall,B.J.and J.R.Warren.(1983). Unidentified Curved Bacilli on Gastric Epithelium in Active Chronic Gastritis. *Lancet*,321(8336):1273-1275.

Marshall,B.J.and J.R.Warren.(1984). Unidentified Curved Bacilli in the Stomach of Patients with Gastritis and Peptic Ulceration. *Lancet* 323(8390):1311-1315.

Mathews,M.S.,M.Linskey,and D.K.Binder.(2008).William P.Van Wagenen and the First Corpus Callostomies for Epilepsy. *Journal of Neurosurgery*,108:608-613.

Mellars,P.(2006). A New Radiocarbon Revolution and the Dispersal of Modern Humans.*Nature*,439:931-935.

Mnookin,S.(2011). *The Panic Virus: A True Story of Medicine, Science, and Fear*. New York:Simon and Schuster.

Morell,V.(1995). *Ancestral Passions: The Leakey Family and the Quest for*

Humankind's Beginnings. New York:Simon and Schuster.

Morgan,T.H.(1903). Recent Theories in Regard of the Determination of Sex. *Popular Science Monthly*,64:97-116.

Morgan,T.H.(1910).Sex Limited Inheritance in Drosophila. *Science*, 32(812):120-122.

Morgan,T.H.(1911a). The Origin of Nine Wing Mutations in Drosophila. Science,33(848):496-499.

Morgan,T.H.(1911b). Random Segregation versus Coupling in Mendelian Inheritance.*Science*,34(873):384.

Morgan,T.H.(1912).The Scientific Work of Miss N.M.Stevens.*Science*, 36(928):468-470.

Morgan,T.H.(1915). Localization of the Hereditary Material in the Germ Cells. *Proceedings of the National Academy of Sciences*,1(7):420-429.

Nass,M.M.K.and S.Nass.(1963a). Intramitochondrial Fibers with DNA Characteristics.I.Fixation and Electron Staining Reactions. *Journal of Cell Biology*,19:593-611.

Nass,S.and M.M.K.Nass.(1963b). Intramitochondrial Fibers with DNA Characteristics.II. Enzymatic and Other Hydrolytic Treatments. *Journal of Cell Biology*,19:613-629.

Offt.P.A.(2010). *Autism's False Prophets:Bad Science,Risky Medicine,and the Search for a Cure*. New York: Columbia University Press.

Olby R.(2009). *Francis Crick: Hunter of Life's Secrets*. Cold Spring Harbor, New York: Cold Spring Harbor Laboratory Press.

Omer.S.B.,J.L.Richards,M.Ward,and R.A.Bednarczyk.(2012).Vaccination Policies and Rates of Exemption from Immunization,2005-2011. *New England Journal of Medicine*,367(12):1170-1171.

Piabo,S.(1985). Molecular Cloning of Ancient Egyptian Mummy DNA. *Nature*, 314:644-645.

Paabo,S.(2014). *Neandethal Man:In Search of Lost Genomes*. New York:Basic Books.

Paabo,S.,R.G.Higuchi,and A.C.Wilson.(1989). Ancient DNA and the Polymerase Chain Reaction. *The Journal of Biological Chemistry*,264(17):9709-9712.

Paine,R.T.(1966). Food Web Complexity and Species Diversity. *American Naturalist*,100(910):65-75.

Paine,R.T.(1969). A Note on Trophic Complexity and Community Stability. *American Naturalist*,103(929):91-93.

Paine,R.T.(1971). A Short-Term Experimental Investigation of Resource Partitioning in a New Zealand Rocky Intertidal Habitat. *Ecology*, 52(6): 1096-1106.

Paine,R.T.(1974). Intertidal Community Structure:Experimental Studies on the Relationship between a Dominant Competitor and Its Principal Predator. *Oecologia*,15:93-120.

Paine,R.T.(1980). Food Webs:Linkage,Interaction Strength and Community Infrastructure. *Journal of Animal Ecology*,49(3):666-685.

Paine,R.T.(2010). *Food Chain Dynamics and Trophic Cascades in Intertidal Habitats*. In J.Terborgh and J.A.Estes(Eds.),Trophic Cascades:Predators, Prey,and the Changing Dynamics of Nature(pp.21-36). Washington, DC: Island Press.

Paine,R.T.and R.L.Vadas.(1969). The Effects of Grazing by Sea Urchins, Strongylocentrotus spp.,on Benthic Algal Populations. *Limnology and Oceanograpby*,14(5):710-719

Plaut,W.and L.A.Sagan.(1958). Incorporation of Thymidine in the Cytoplasm of Amoeba proteus. *Journal of Biopbysics and Biochemical Cytology*, 4(6):843-845.

Powledge,T.M.(2000). Gene Therapy R.I.P. *Salon*, June 1,2000.

Properzio,J.(2004). Full Speed Ahead.University of Chicago Magazine.https://

magazine.uchicago.edu/0402/features/speed-print.shtml. https://magazine. uchicago.edu/0402/features/speed-print.shtml.

Quammen,D.(1997). *The Song of the Dodo:Island Biogeography in an Age of Extinc-tions*. New York:Simon&Schuster.

Reader, J. (1981). *Missing Links: The Hunt for Earliest Man*. Boston: Little, Brown, and Company.

Reader, J. (2011). *Missing Links: In Search of Human Origins*. Oxford: Oxford University Press.

Reichard, P. (2002). Osvald T. Avery and the Nobel Prize in Medicine. *Journal of Biological Chemistry*, 277: 13355-13362.

Revelle, R. and H. E. Suess. (1957). Carbon Dioxide Exchange between Atmosphere and Ocean and the Question of an Increase of Atmospheric Co, during the Past Decades. *Tellus*, 9(1): 18-27.

Ridley, M. (2006). *Francis Crick: Discoverer of the Genetic Code*. New York: HarperCollins.

Ris, H. and W. Plaut. (1962). Ultrastructure of DNA-Containing Areas in the Chloroplast of *Chlamydomonas*. *Journal of Cell Biology*, 13: 383-391.

Sagan, L. (1965). An Unusual Pattern of Tritiated Thymidine Incorporation in Euglena. *Journal of Protozoology*, 12(1): 105-109.

Sagan, L. (1967). On the Origin of Mitosing Cells. *Journal of Theoretical Biology*, 14: 225-274.

Sagan, L., Y. Ben-Shaul, H. T. Epstein, and J. A. Schiff. (1965). Studies of Chloroplast Development in Euglena XI. Radioautographic Localization of Chloroplast DNA. *Plant Physiology*, 40(6): 1257-1260.

Sankararaman, S., N. Patterson, H. Li, et al. (2012). The Date of Interbreeding between Neandertals and Modern Humans. *PLOS Genetics*, 8(10): e1002947.

Sapp, J. (2009). *The New Foundations of Evolution: On the Tree of Life*.

Oxford: Oxford University Press.

Sapp, J. (2012). Too Fantastic for Polite Society: A Brief History of Symbiosis Theory. In D. Sagan (Ed.), *Lynn Margulis: The Life and Legacy of a Scientific Rebel* (pp. 54-67). White River Junction, VT: Chelsea Green Publishing.

Sapp, J. and G. E. Fox. (2013). The Singular Quest for a Universal Tree of Life. *Microbiology and Molecular Biology Reviews*, 77(4): 541-550.

Shapiro, J. (2001). *Mao's War against Nature*. Cambridge: Cambridge University Press.

Shermer, M. (2002). *In Darwin's Shadow: The Life and Science of Alfred Russel Wallace*. Oxford: Oxford University Press.

Shine, I. and S. Wrobel. (2009). *Thomas Hunt Morgan: Pioneer of Genetics. Lexington*, KY: University Press of Kentucky.

Simberloff, D. S. (1976). Experimental Zoogeography of Islands: Effects of Island Size. *Ecology*, 57(4): 629-648.

Simberloff, D. S. and E. O. Wilson(1969). Experimental Zoogeography of Islands: The Colonization of Empty Islands. *Ecology*, 50(2): 278-296.

Smith, M. R. (2013). Ontogeny, Morphology and Taxonomy of the Soft Bodie Cambrian 'Mollusc' *Wiwaxia. Palaeontology*, 57(1): 215-229.

Southwood, R. and J. R. Clarke. (1999). Charles Sutherland Elton 29 March 1900-1 May 1991. *Biographical Memoirs of Fellows of the Royal Society*, 45: 130-146.

Spemann, H. (1938). *Embryonic Development and Induction*. New Haven, CT: Yale University Press.

Sperry, R. W. (1961). Cerebral Organization and Behavior: The Split Brain Behaves in Many Respects like Two Separate Brains, Providing New Research Possibilities. Science, 133(3466): 1749-1757.

Sperry, R. W. (1964). The Great Cerebral Commissure.*Scientific American*, 210:

42-52.

Stanier, R. Y., M. Doudoroff, and E. A. Adelberg. (1963). *The Microbial World*, 2nd edition. Englewood Cliffs, NJ: Prentice-Hall.

Steinbrook, R. (2008). The Gelsinger Case. In E. J. Emanuel et al. (Eds.), *The Oxford Textbook of Clinical Research Ethics*(Chapter 10, pp. 110-120). Oxford: Oxford University Press.

Stevens, N. M. (1905). *Studies in Spermatogenesis: With Special Reference to the Accessory Chromosome*. Washington, DC: Carnegie Institution of Washington.

Stolzenburg, W. (2009). *Where the Wild Things Were: Life, Death, and Ecological Wreckage in a Land of Vanishing Predators*. New York: Bloomsbury.

Sturtevant, A. H. (1913). A Third Group of Linked Genes in *Drosophila ampelophila*. Science, 27(965): 990-992.

Sturtevant, A. H. (1959). *Thomas Hunt Morgan: 1866-1945. A Biographical Memoir* (pp. 283-325). Washington, DC: National Academy of Sciences.

Sturtevant, A. H. (1965). *A History of Genetics*. New York: Harper & Row.

Summerhayes, V. S. and C. S. Elton. (1923). Contributions to the Ecology of Spitsbergen and Bear Island. *Journal of Ecology*, 11(2): 214-286.

Takahashi, K., K. Tanabe, M. Ohnuki, et al. (2007). Induction of Pluripotent Stem Cells from Adult Human Fibroblasts by Defined Factors. *Cell*, 131: 861-872.

Takahashi, K. and S. Yamanaka. (2006). Induction of Pluripotent Stem Cells from Mouse Embryonic and Adult Fibroblast Cultures by Defined Factors. *Cell*, 126: 663-676.

Taylor, B., E. Miller, C. P. Farrington, et al. (1999). Autism and Measles, Mumps, and Rubella Vaccine: No Epidemiological Evidence for a Causal Association. *Lancet*, 353: 2026-2029.

Tonegawa, S. (1988). Somatic Generation of Immune Diversity. *In Vitro Cellular Developmental Biology*, 24(4): 253-265.

Tonegawa, S. (2004). That Great Time in Basel. *Cell*, S116: S99-S101.

Treffert, D. A. (2009). The Savant Syndrome: An Extraordinary Condition. A Synopsis: Past, Present, Future. *Philosophical Transactions of the Royal Society B*, 364: 1351-1357.

Treffert, D. A. and D. D. Christensen. (2005). Inside the Mind of a Savant. *Scientific American*, 293(6): 108-113.

Unge, P. (2002). *Helicobacter pylori* Treatment in the Past and in the 21st Century. In B. Marshall(Ed.), *Helicobacter Pioneers*(pp. 203-215). Victoria, Australia: Blackwell Science Asia.

Van Wyhe, J. (2013). My Appointment Received the Sanction of the Admirality': Why Charles Darwin Really Was the Naturalist on HMS *Beagle. Studies in History and Philosopby of Biological and Biomedical Sciences*, 44: 316-326.

Villate-Beitia, I., G. Puras, J. Zarate, et al. (2015). First Insights into Non-invasive Administration Routes for Non-viral Gene Therapy. In D. Hashad(Ed.), *Gene Therapy-Principles and Challenges*(Chapter 6). InTech.https://www.intechopen.com/books/gene-therapy-principles-and-challenges. InTech.https://www.intechopen.com/books/gene-therapy-principles-and-challenges.

Wakefield, A. J. , S. H. Murch, A. Anthony, et al. (1998). Ileal-lymphoid-nodular Hyperplasia, Non-specific Colitis, and Pervasive Developmental Disorder in Children. *Lancet*, 351: 637-641.

Walcott, C. D. (1883). Pre-Carboniferous Strata in the Grand Canon of the Colorado, Arizona. *American Journal of Science*, 26: 437-442.

Wallace, A. R. (1855). On the Law Which Has Regulated the Introduction of New Species. *In The Annals and Magazine of Natural History Including*

Zoology, Botany, and Geology (pp. 184-196). London: Taylor and Francis.

Wallace, A. R. (1857). On the Natural History of the Aru Islands. *Annals and Magazine of Natural History.* Supplement to Vol. XX(December 1857): 473-485.

Wallace, A. R. (1858). On the Tendency of Varieties to Depart Indefinitely from the Original Type. *Proceedings of the Linnean Society of London*, 3: 53-62.

Wallace, A. R. (1889). *A Narrative of Travels on the Amazon and Rio Negro.* New York: Ward, Lock and Co.

Wallace, A. R. (1905). *My Life.* New York: Dodd, Mead, and Co.

Wallace, A. R. (1908). *In The Darwin-Wallace Celebration Held on Thursday, 1st July, 1908, by the Linnean Society of London.* London: Linnean Society of London.

Wallace, A. R. (1969). *A Narrative of Travels on the Amazon and Rio Negro, with an Account of the Native Tribes, and Observations on the Climate, Geology, and Natural History of the Amazon Valley.* New York: Haskell House.

Warren, J. R. (2002). The Discovery of *Helicobacter pylori* in Perth, Western Australia. In B. Marshall(Ed.), *Helicobacter Pioneers*(pp. 151-164). Victoria, Australia: Blackwell Science Asia.

Watson, J. D. (1969). *The Double Helix: A Personal Account of the Discovery of the Structure of DNA.* New York: Mentor.

Watson, J. D. (1980). *The Double Helix: A Personal Account of the Discovery of the structure of DNA* (G. S. Stent, Ed.). New York: W. W. Norton & Company.

Watson, J. D. and F. H. C. Crick. (1953). Molecular Structure of Nucleic Acids: A structure for Deoxyribose Nucleic Acid. *Nature*, 171: 737-738.

Weart, S. R. (2008). *The Discovery of Global Warming.* Revised and expanded edition. Cambridge, MA: Harvard University Press.

Wilson, E. O. (1959). Adaptive Shift and Dispersal in a Tropical Ant Fauna. *Evolution*, 13(1): 122-144.

Wilson, E. O. (1961). The Nature of the Taxon Cycle in the Melanesian Ant Fauna. *American Naturalist* 95(882): 169-193.

Wilson, E. O. (1991). Philip Jackson Darlington, Jr. 1904-1983: A Biographical Memoir by Edward O. Wilson. *Biographical Memoirs*. Volume 60. National Academy of sciences of the United States of America. Washington, DC: National Academy Press.

Wilson, E. O. (1994). *Naturalist*. Washington, DC: Island Press.

Wilson, E. O. (2008). Interview. Accessed online: http://www.pbs. org/wgbh/ nova/education/activities/3509_eowilson. html.

Wilson, E. O. (2010). Island Biogeography in the 1960s: Theory and Experiment. In J. B. Losos and R. E. Ricklefs(Eds.), *The Theory of Island Biogeography Revisited*(pp.1-12). Princeton, NJ: Princeton University Press.

Wilson, E. O. (2013). *The Social Conquest of Earth*. New York, London: Liveright Publishing.

Wilson, E. O. (2016). Half-Earth: *Our Planet's Fight for Life.* New York, London: Liveright Publishing.

Woese, C. R. (2007). The Birth of the Archaea: A Personal Retrospective. In R. A. Garrett and H. -P. Klenk(Eds.), *Archaea: Evolution, Physiology, and Molecular Biology*(pp. 1-16.). Malden, MA: Blackwell Publishing.

Woese, C. R. and G. E. Fox. (1977). Phylogenetic Structure of the Prokaryotic Domain: The Primary Kingdoms. *Proceedings of the National Academy of Sciences*, 74(11): 5088-5090.

Woese, C. R. , O. Kandler, and M. L. Wheelis. (1990). Towards a Natural System of Organisms: Proposal for the Domains Archaea, Bacteria, and Eucarya. *Proceedings of the National Academy of Sciences*, 87: 4576-4579.

Wolman(2012). A Tale of Two Halves. *Nature*, 483: 262.

Worm, B. and R. T. Paine. (2016). Humans as a Hyperkeystone Species. *Trends in Ecology and Evolution*, 31(8): 600-607.

Yochelson, E. (1998). *Charles Doolittle Walcott, Paleontologist.* Kent, OH: Kent State University Press.

Yochelson, E. (2001). *Smithsonian Institution Secretary, Charles Doolittle Walcott.* Kent, OH: Kent State University Press.

Zablen, L. B., M. S. Kissil, C. R. Woese, and D. E. Buetow. (1975). Phylogenic Origin of the Chloroplast and Prokaryotic Nature of Its Ribosomal RNA. *Proceedings of the National Academy of Sciences*, 72(6): 2418-2422.

Zaremba-Niedzwiedzka, K., Caceres, E. F., Saw, J. H., et al. (2017). Asgard Archaea Illuminate the Origin of Eukaryotic Cellular Complexity. *Nature*, 541: 353-358.

致谢

    这本书是在一家很棒的法国餐馆与编辑贝茜·特维切尔和杰克·雷普切克共进美味的晚餐时开始的。我很期待第一次和贝茜一起工作，也很高兴能再次和杰克一起工作，他在W. W.诺顿出版社为我的第一本书《无尽的形式最美》（2005年）和后来的《适者生存》（2006年）做编辑。但在项目启动前，这位年轻而优秀的男士不幸去世了。我们非常想念他，希望杰克会喜欢这本《生命故事》。

    这本书的完成离不开许多人的贡献和支持。非常感谢梅根·马什·麦格隆，他帮助我完成了这本书的写作和制作过程，整理了参考书目和注释。终于是时候去迪士尼乐园了！

    我要感谢许多科学家和家庭成员分享他们的故事，并让我接触到文件和照片。特别感谢罗宾·沃伦、巴里·马歇尔、琼·贝内特、艾伯特·马奎尔、詹妮弗·马古利斯、托马斯·布洛克、理查德·利基、E.O.威尔逊，以及已故的鲍勃·潘恩及其家人。还要感谢普林斯顿大学出版社和霍夫顿·米夫林·哈科特允许我改编一些故事，这些故事分别在我的《塞伦盖蒂法则》（2016年）和《非凡生物》（2009年）中首次发表。

特此感谢我的同事劳拉·波内塔和保罗·比尔兹利在霍华德·休斯医学研究所所提出的许多有益建议，以及保罗·史多德博士在《指导手册》中所做的大量工作。

另外，我还收到了来自以下高校老师和大学导师的详细评价，在此，我要感谢各位老师和大学导师的非常有用的反馈意见：

加利福尼亚州圣地亚哥的普鲁斯学校的安妮·阿茨；

北阿拉巴马大学的丽莎·安·布兰金斯普；

密西西比州特洛伊的特洛伊高中的丽贝卡·布鲁尔；

俄亥俄州辛辛那提的圣厄休拉学院的詹妮弗·布罗；

密歇根大学的林恩·卡彭特；

北佛罗里达大学的黛尔·卡萨玛塔；

路易斯堡学院的黛安·库克；

北肯塔基大学的格雷戈里·A.达勒姆；

哥伦比亚斯廷博特斯普林斯的斯廷博特斯普林斯高中的辛蒂·盖伊；

托莱多大学的布伦达·利迪；

鲍尔州立大学的詹妮弗·梅茨勒；

哥伦比亚公立学校区的伯纳丁·奥科罗；

南达科他州米切尔的米切尔高中的朱莉·奥尔森；

北卡罗来纳威尔克斯伯纳的威尔克斯先修书院高中的凯利·诺顿·派普斯；

密苏里州圣詹姆斯的约翰·F.霍奇高中的A.J.普拉伟茨；

纽约哥伦比亚大学的玛丽·安·普莱斯；

北爱荷华大学的马雷克·希利温斯基；

孟菲斯大学的安娜·贝丝·索林；

伊利诺伊州奥罗拉的梅蒂亚谷高中的梅丽莎·特纳；

加州圣克拉里塔的金谷高中的丹妮尔·沃茨。

我还要感谢W.W.诺顿出版公司团队在本书出版过程中给予的支持与努力。特别感谢我的编辑贝茜·特维切尔对这本书的支持，感谢她的意见和指导，感谢康妮·帕克斯、卡拉·塔尔马吉、泰勒·彼得森、凯蒂·卡拉汉还有丹尼·瓦戈，感谢他们发现并纠正了我的错误，让这本书生动起来。感谢媒体编辑凯特·布莱顿、媒体副编辑吉娜·福赛斯和媒体编辑助理凯蒂·达洛亚为本书开发的媒体，让本书成为课堂上有效的工具。感谢梅根·辛德尔、斯泰西·斯坦博、泰德·斯泽潘斯基、埃利斯·里德尔、帕特里夏·王，他们在帮助获取本文的许可方面功不可没。感谢肖恩·明图斯对本书制作的出色管理，感谢市场部经理斯塔西·洛亚尔对本书的宣传。同时也要感谢市场总监史蒂夫·邓恩、销售总监迈克尔·奈特，以及诺顿所有才华横溢的销售人员，感谢他们为本书进行的传播并将本书送进教室。最后，我要感谢玛丽安·约翰逊、朱莉娅·佩德海德、罗比·哈林顿、德雷克·麦克菲对这本书的信任。最后，我要特别感谢我的妻子杰米，感谢她对我讲故事的耐心、鼓励和支持。此次冒险结束了，但我们的爱情故事还在继续……